電機學

楊善國　編著

全華圖書股份有限公司

國家圖書館出版品預行編目資料

電機學 / 楊善國編著. -- 八版. -- 新北市：
全華圖書股份有限公司.2024.5
面 ； 公分
ISBN 978-626-328-923-9(精裝)
1.CST:電機工程　2. CST:發電機
448　　　　　　　　　　　　　113005267

電機學

編著者 / 楊善國

發行人 / 陳本源

執行編輯 / 蔣德亮

出版者 / 全華圖書股份有限公司

郵政帳號 / 0100836-1 號

圖書編號 / 0621177

八版一刷 / 2024 年 05 月

定價 / 新台幣 360 元

ISBN / 978-626-328-923-9(精裝)

ISBN / 978-626-328-918-5(PDF)

全華圖書 / www.chwa.com.tw

全華網路書店 Open Tech / www.opentech.com.tw

若您對本書有任何問題，歡迎來信指導 book@chwa.com.tw

臺北總公司(北區營業處)
地址：23671 新北市土城區忠義路 21 號
電話：(02) 2262-5666
傳真：(02) 6637-3695、6637-3696

南區營業處
地址：80769 高雄市三民區應安街 12 號
電話：(07) 381-1377
傳真：(07) 862-5562

中區營業處
地址：40256 臺中市南區樹義一巷 26 號
電話：(04) 2261-8485
傳真：(04) 3600-9806(高中職)
　　　(04) 3601-8600(大專)

初版序一

    《電機學》是電類專業的必修課，也是電氣工程與自動化專業的技術基礎課。國內外大多數教材主要是爲電機和強電類專業編寫，內容側重於電機本體，較少涉及電機作爲系統中執行元件的作用和行爲特點以及電路分析的原理，不能適應寬口徑培養模式對教材的需要，因而迫切需求編寫從弱電與強電結合的電機學教材。《電機學》通常被認爲是一門難教難學的課程，其電機學本身物理概念多，電磁關係複雜，大多讀者一時難以適應工程問題分析，較難從電路分析轉變爲磁路分析。因此，本書把電機的核心問題——內部電磁關係的分析(而不是特性分析)置於更重要的地位，並圍繞這個核心，把《電機學》的基本物理概念和基本分析方法講得透徹，使讀者掌握得準確牢固。

    本書作者楊善國教授作爲此領域的專家，多年來一直從事電子學、自動化、線性控制系統和機電工程等領域的科學研究與教學工作，取得了豐碩的研究成果，《電機學》一書的出版正是對這些工作成果的提煉與昇華。本書從關於磁現象的理論分析，到電磁感應定律，從而得出交流電產生的機理，進而分析直流電路和交流電路的基本理論及網絡分析的方法與計算；從介紹發電機和電動機的原理，到介紹發電機和電動機輸出電壓與轉矩的關係及計算方法，進而分析了變壓器的基本結構、感應電動勢、變壓器的相量以及變壓器的連線與應用。全書自成體系、通俗易懂、層層深入，並包含有大量精彩的應用實例，富含了電、磁、電子電路和電機學在電子與電氣應用的系列學術思想，值得細細品讀，相信本書的讀者們——高等院校教師、研究生以及從事相關領域的科技人員和工程人員，通過閱讀，能夠順利地了解與掌握《電機學》的分析方法和思路，更好地解決電子技術與電機學學科的理論問題及電力工程的實際問題。

西華大學　校長

教授　孫衛國

2012 年 11 月 28 日

初版序二

　　近年來電子、電機、機械、控制及相關科技領域的技術及發展突飛猛進，目前國內在這些相關領域大學以上人力仍有許多需求，且我國亦支持產業朝機械、電機相關領域拓展。在此人才需求殷切之際，人才培育更顯重要，尤其在機械、電機相關領域基礎教學的落實及教育，更是攸關將來是否能夠提供穩定並具實力之發展人才的依據。因此國內各相關學系之基礎教育皆十分著重培養學生具有理論與實務兼備的能力，無非是希望積極培養出企業所喜好具備「務實」條件的國家科技人才。

　　這本「電機學」的作者—楊善國教授，目前任教於勤益科技大學機械工程學系，同時也在大陸多所知名高校擔任客座教授暨博士生導師，不僅著作豐富且產學績效卓著。楊教授之學士及碩士學位皆在逢甲大學自動控制工程學系取得，而博士學位則是畢業於國立交通大學機械所控制組，可謂是結合系統工程與機電整合的正統科班生。他亦曾在中山科學研究院從事資料收集與信號處理相關工作六年，繼而投身教職並且擔任電路相關課程的教授工作至今長達二十年，因而深深知悉此課程之精要以及學生的需求和學習電路時的盲點與瓶頸。

　　十分佩服楊教授願意將過去的教材作清楚並且有條理的整理及編輯成冊，在其精心規劃下，不僅內容深入淺出、去蕪存菁，且能與時俱進，提供學習者必要之相關知識原理與例題，相信必能達成其所預設之撰寫目的，以及傳授學習者相關的知識與原理，讓學習者在電路學的學習方面能培養具備理論與實務並重的能力。所以此書的出版，相信對電子、電機、機械、控制及相關科系之大學生(一般大學及二技、四技生)、碩士班研究生、從事相關工作之業界人員，以及自修者而言是一大福音也必有所助益。

敝人才疏學淺，承蒙楊善國教授抬愛，在本書出版之際，獲邀為其作序，相信本書之內容必能為相關領域學生在電機學上打下紮實的基礎，所以在此特別給予誠心推薦，亦請諸位學者專家不吝賜教指正。

逢甲大學自動控制工程學系教授兼教務長

邱創乾　謹識

中華民國 101 年 3 月

初版序三

　　電路學和電機學是支撐現代社會快速發展的兩項基礎科學技術。不單是工業領域，我們身邊使用的計算機、移動電話和各類生活家電等也都無一例外地離不開這兩種技術的交融。作為學習這兩項技術的一本好教材，本書將電路學與電機學合二為一，從電的成因、電磁感應，到交直流電路、再到電動機械原理一氣呵成，非常適合初學者學習和掌握有關電動機械及其控制技術所需的基礎知識，為進一步深入學習打下紮實基礎。本書是作者二十餘載潛心教學與研究的一個總結。由於作者在電子與機械技術兩個方面均有涉獵與不凡建樹，深知不同專業的學生在學習電機學時的苦衷，因此，本書在文字表述上力求準確流暢，避免了因生澀難懂的詞藻而給初學者帶來的不便。

　　臺灣界最為發達的微小型電動機械製造產業鏈，電動機械及其驅動技術方面的人才需求量非常之大。作為一本難得的內容豐富精練、講述深入淺出的電路學與電機學教材，相信本書的出版不僅會對臺灣的電動機械技術的人才培養有所貢獻，更會對相關產業的發展有所裨益。

北京科技大學教授　馮明

2012 年歲初於北京

三版序

　　工業技術與時俱進，德國工業革命 4.0 的改變與衝擊如巨龍般迅速席捲全球，趕上工業 4.0 進步的特快車成了全世界各國的趨勢。台灣雖不遑多讓地取得了工業革命的車票，將工業 4.0 依照台灣的現況與發展產生了生產力 4.0；然面臨時代的劇變，台灣生產力 4.0 僅初初萌芽，在各工業大國的夾擊下，對於後端支撐整個台灣工業，龐大工程專業人材的培育與訓練顯得更為重要。

　　人材培育兩大重點即為專業的師資與完善教材，若有其一即可達事半功倍之效，敝人所推薦之「電機學」一書卻是集兩者之大成，本書作者由專業教師楊善國教授用其畢生所長，將一位專業工程人員所需具備的機械、電機、電子與控制相關知識與技術完善地集結成冊；同時憑藉長年累月的教學經驗，使整本書的編寫循序漸進、文不加點，實屬初踏此領域之工程人最佳首選教材，更是時代快速變遷下台灣工業人材不可或缺的教科書。

　　此書言簡意賅，僅八個章節，卻能將專業工程人相關基礎：基本電學、電子電路學、電機機械、電磁學等科目通盤且完整地介紹，由此可知作者楊善國教授在專業領域博大精深之處。此外，本書作者楊善國教授不僅著作等身，與敝人亦師亦友，承蒙楊教授抬愛為此書撰序，敝人殷切期盼讀者可藉此書為未來的專業領域打下深厚的地基。於此，敝人真摯地推薦此書，惟因書籍編排疏漏難免，尚祈諸位先進多予賜教指正，不勝感激！

國立勤益科技大學電機工程學系特聘教授兼研發長

姚賀騰　謹識

四版序

在工業化發展的歷程中，機電設備的技術發展可說是日新月異。電路與電機設備的性能分析與設計，對於機械或電機相關產業的工程師而言，是必備的基礎專業能力。過去台灣的技職教育，為台灣的工業發展培育相當多的專業技術人才。對於技職教育，較多著重實務技術能力的培養。技職教育所需的專業教材，需以淺顯易懂，循序漸進的方式呈現，並融入實務案例介紹，為現今教材編寫的趨勢。

本書作者以多年所累積的教學經驗，透過逐年教材實例的累積，有條不紊的編撰成冊，目前本書已經邁入第 4 版的編修出版。本書內容彙整了電路學與電機學的教材，從基本的電學、交/直流電路分析、電磁感應到電機機械原理。將電機機械設計與分析，所需要電路與電磁感應的知識，整合成冊，使得讀者在研讀時，不再是各自獨立的學科。透過書本後面章節有關電機機械的分析，可清楚將電路與電磁感應與實際的電機設備應用作連結，形成基礎知識與實際應用連貫而成的整合教材。

本書作者在電機與機械領域均有相當亮眼的成就，同時考量不同專業學生在課程學習上的困難，透過深入淺出的例題介紹，同時採用簡易清楚的文字與公式，避免冗長而生澀枯燥的詞彙，並以清晰的圖示來說明呈現，使得讀者可清楚的理解書本內容，並加深學習印象。

在現今自動化產線與智慧機械的蓬勃快速發展，在電機與資訊人才的需求相當大。成為電機與自動化相關工程師，本書可成為一本相當豐富精練的有用教材，透過本書的出版期待可為台灣電機機械技術人才的培育做出貢獻。

國立勤益科技大學工程學院院長

駱文傑　謹識

2018 年 5 月 20 日

作者序

　　我校機械系學生課程學分計畫表中的「電機學」是必修課。根據課程標準，電機學的內容包含了「電路學」以及「電機機械」兩大部分，共三學分。教師們應該都同意，這兩大部分的內容恐不是區區三學分的教學時數所能完全囊括的。以學習順序而言，電路學應在電機機械之前，且電機機械通常另開有選修課，故本書的內容以電路學為主，電機機械的部分則僅以小篇幅作粗淺的概念介紹。

　　作者根據教學經驗，將這些年教學的材料編輯成冊，特別針對電路學的範圍，將初學者必須要學習的、機械科系研究所入學考或就業考試常考的、實用的、專題製作時會用到的、重要且不可不知的內容編寫出來，希望有助於這方面的學習及教學所需。

　　感謝四川成都西華大學孫衛國校長、逢甲大學邱創乾教務長、勤益大學姚賀騰教授以及北京科技大學馮明教授撥冗賜序，使本書倍增光彩。作者才疏學淺，文中恐有謬誤，祈請先進賢達不吝指正，謝謝。願上帝祝福您！

楊善國　謹誌

於國立勤益科技大學機械系

個人網頁：http://www.me.ncut.edu.tw/teacher_view.php?sn=28

編輯部序

　　「系統編輯」是我們的編輯方針，我們所提供給您的，絕不只是一本書，而是關於這門學問的所有知識，它們由淺入深，循序漸進。

　　根據課程標準，電機學的主要內容有三：1.直流電路、2.交流電路(上二者一般合稱為電路學或 RLC 電路)、3.電機機械。本書依作者多年的教學經驗及專業知識，為兼顧學習內容及學習效果，課程順序的安排有以下考量：先直流後交流；由電是甚麼開始進而講解直流電路，包括基本理論及網路分析的方法與計算。接著是交流電路，但在進入交流電路前必須先知道甚麼是交流電、如何產生？要知道甚麼是交流電必須先知道電磁效應；要知道甚麼是電磁效應則必須先知道磁的基本觀念。最後，第三部分為電機機械係屬電路應用的概念的介紹。

　　同時，為了使您能有系統且循序漸進研習相關方面的叢書，我們以流程圖方式，列出各有關圖書的閱讀順序，以減少您研習此門學問的摸索時間，並能對這門學問有完整的知識。若您在這方面有任何問題，歡迎來函聯繫，我們將竭誠為您服務。

相關叢書介紹

書號：05187
書名：電機學
編著：顏吉永、林志鴻

書號：05280
書名：小型馬達技術
日譯：廖福奕

書號：064387
書名：應用電子學(精裝本)
編著：楊善國

書號：05851
書名：泛用伺服馬達應用技術
編著：顏嘉男

書號：05947
書名：電路學
編著：曲毅民

書號：05778
書名：電機機械
編著：胡阿火

書號：06085
書名：可程式控制器 PLC
　　　(含機電整合實務)
　　　(附範例光碟)
編著：石文傑、林家名、江宗霖

流程圖

書號：02482/02483
書名：基本電學(上/下)
英譯：余政光、黃國軒

書號：05187
書名：電機學
編著：顏吉永、林志鴻

書號：06182
書名：可程式控制與設計
　　　(FX3U)
　　　(附範例光碟)
編著：楊進成

書號：03190
書名：基本電學
編著：賴柏洲

書號：0621177
書名：電機學(第八版)(精裝本)
編著：楊善國

書號：05803
書名：FX2/FX2N 可程式控
　　　制器程式設計與實務
　　　(附範例光碟)
編著：陳正義

書號：06308
書名：基本電學(精華版)
編著：賴柏洲

書號：02504
書名：電機機械
編著：邱天基、陳國堂

書號：06085
書名：可程式控制器 PLC
　　　(含機電整合實務)
　　　(附範例光碟)
編著：石文傑、林家名、江宗霖

CHWA TECHNOLOGY

目錄

Chapter 1

概　論

 ## 1.1　原子的結構及電的成因

一、原子的結構

(一)　原子 $\begin{cases} 原子核 \begin{cases} 質子(Proton，正電) \\ 中子(Neutron，中性) \end{cases} \\ 電子(Electron，負電) \end{cases}$

(二)　1911 年拉塞福首先提出原子的基本模型，1917 年拉塞福發現質子的
　　　存在，1930 年波特及貝克發現中子的存在。

(三)　帶電的粒子稱為電荷(Charge)。

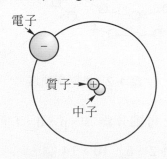

圖 1-1　原子的模型

表 1-1　原子中三種粒子的特性

名稱	符號	電性	質量	大小	帶電量
電子	e	負	9.108×10^{-31} kg	電子直徑約 2.8×10^{-15} m	-1.602×10^{-19} 庫侖
質子	p	正	1.67×10^{-27} kg	原子核直徑約 10^{-14} m	$+1.602 \times 10^{-19}$ 庫侖
中子	n	中	1.67×10^{-27} kg	原子直徑約 10^{-10} m	無

二、能階與軌域

(一) 週期表(如圖 1-3)上之原子序代表了各原子所擁有的電子數目(H, He, Li, Be, B, C, N, O, F, Ne, Na, Mg, Al, Si,…)。

(二) 每一原子依其所有電子數目的多寡,由原子核為中心,分層向外排列,每一層最多可容納的電子數目為 $2n^2$ 個(如圖 1-2),n 為層數。離原子核愈遠的電子能量愈高(不受束縛)。

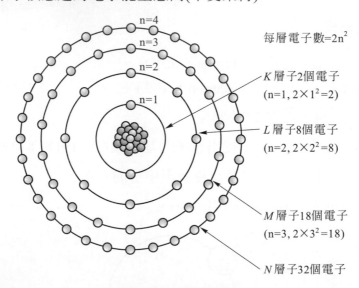

圖 1-2　能階與軌域

(三) 每一層電子中又可細分為 s、p、d、f 四個軌域,每個軌域可容納的電子數目分別為 2、6、10、14 個。

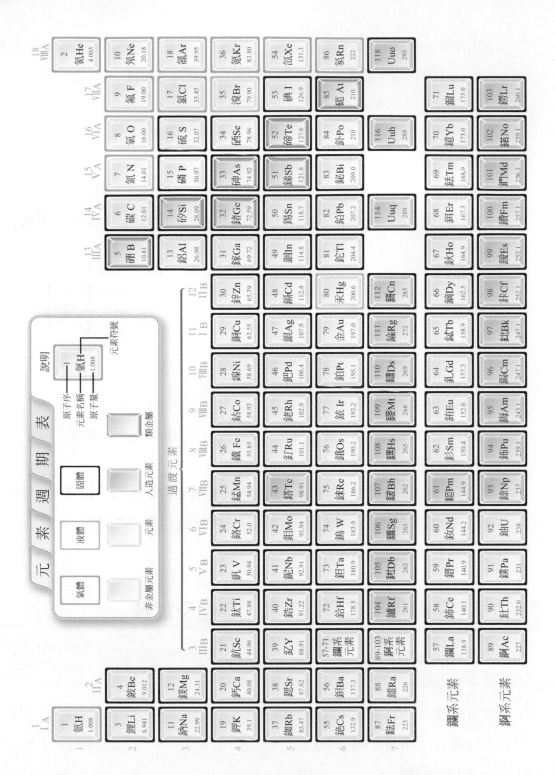

圖 1-3　週期表

(四) 最外層的電子為「價電子」，若價電子受外力(熱能或光能)而跳脫原子核的束縛(束縛能)，此原子即稱為「離子(Ion)」，此過程稱為「離子化」。脫離的電子稱為「自由電子」。

(五) 失去電子之原子因呈正電，故稱正離子或陽離子；得到電子之原子因呈負電，故稱負離子或陰離子。

三、摩擦生電

兩物摩擦生熱，因熱能而使兩物離子化，得電子者為負，失電子者為正。

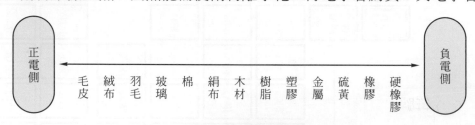

圖 1-4　摩擦生電

四、電的成因

帶電粒子的流動即為一般所見之「電」，其形成須有下列要素：

(一) 要有帶電粒子(電流載子 Carrier)。

(二) 帶電粒子間須有導體以提供路徑(故無導體路徑的粒子間不會流動)。

(三) 帶電粒子間須有能量差，以使粒子由高能量流向低能量(故能量相等的粒子間不會流動)。

1.2　電學常用名詞之符號、單位及定義

一、電量(Quantity)

(一) 符號：Q

(二) 定義：一群電荷所堆積的電量和。

(三) 單位：庫侖(Coulomb)

　　1.　符號：C

　　2.　定義：6.242×10^{18} 個電子所帶電量的總和。

二、電位(Potential)

(一) 符號：E

(二) 定義：對一群電荷所作的功，亦即一群電荷的能量。

$$E(電位) = \frac{W(功)}{Q(電量)}$$

(三) 單位：伏特(Volt)

　　1.　符號：V(通常大寫字母 V 指直流，小寫 v 指交流)。

　　2.　定義：對一庫侖電荷作一焦耳的功，稱為一伏特電位升。

$$V(伏特) = \frac{J(焦耳)}{C(庫侖)}$$

三、電壓(Voltage)

(一) 符號：V(通常大寫字母 V 指直流，小寫 v 指交流)

(二) 定義：兩群電荷間之「電位差(Potential difference)」，也稱「電動勢(electric motivation force, emf)」。

(三) 單位：伏特(Volt)

　　1.　符號：V(電位的單位是伏特，電位差的單位當然還是伏特)。

　　2.　定義： $V(伏特) = \frac{J(焦耳)}{C(庫侖)}$

四、電流(Current)

(一) 符號：I(通常大寫字母 I 指直流，小寫 i 指交流)。

(二) 定義：電荷由高電位流向低電位的電荷流動現象稱為「電流」；其大小乃指單位時間內流過某一截面積的電量。

$$I(電流) = \frac{Q(電量)}{t(時間)}$$

(三) 單位：安培(Ampere)

　　1.　符號：A

　　2.　定義：一秒鐘內流過某截面積一庫侖電荷的電流，稱為一安培。

$$A(安培) = \frac{C(庫侖)}{s(秒)}$$

表 1-2　力、重量、功的定義

	名詞	符號	定義
1	力(Force)	F	使質量產生加速度的物理量 $\vec{F}$(力) $= m$(質量) $\times \vec{a}$(加速度)
	單位：CGS 制：達因(dyne)	d	使 1g 質量之物體產生 1cm/s^2 加速度之力 1dyne $= 1g \times 1cm/s^2$
	單位：MKS 制：牛頓(Newton)	N	使 1kg 質量之物體產生 1m/s^2 加速度之力 1Newton $= 1kg \times 1m/s^2$ $= 1000g \times 100cm/s^2$ $= 10^5 g \times cm/s^2$ $= 10^5 dyne$
2	重量(Weight)	W	質量受重力加速度作用所形成之物理量 (可見是與「力」有相同因次的物理量)
	單位：CGS 制：公克重	gw	使 1g 質量之物體產生 1 重力加速度(9.8m/s^2)之力 1gw $= 1g \times 9.8m/s^2$ $= 9.8g \times 100cm/s^2$ $= 980dyne$
	單位：MKS 制：公斤重	kgw	使 1kg 質量之物體產生 1 重力加速度(9.8m/s^2)之力 1kgw $= 1kg \times 9.8m/s^2$ $= 9.8kg \times m/s^2$ $= 9.8Newton$
3	功(Work)	W	使受力物發生位移所需的能量 $\vec{W}$(功) $= \vec{F}$(力) $\times \vec{d}$(位移)
	單位：CGS 制：耳格	erg	以 1 dyne 之力使受力物沿力之方向移動 1cm 所作之功 1erg $= 1dyne \times 1cm$
	單位：MKS 制：焦耳	Joule	以 1Newton 之力使受力物沿力之方向移動 1m 所作之功 1Joule $= 1Newton \times 1m$ $= 10^5 dyne \times 100cm$ $= 10^7 erg$

Note：質量與重量有何不同？

例 1-1

導體之某截面上，10 秒鐘內有 2 庫侖電量之電荷流過，求該導體上之電流量？

解　$I = \dfrac{Q}{t} = \dfrac{2C}{10s} = \dfrac{1}{5}A$ 。

五、電阻(Resistance)

(一) 符號：R

(二) 定義：材料對其內電荷流動所產生之阻礙。

$$R(電阻) = \frac{V(電壓)}{I(電流)}$$

(三) 單位：歐姆(Ohm)

    1. 符號：Ω

    2. 定義：使一安培電流產生一伏特電位降的阻礙。

$$\Omega(歐姆) = \frac{V(伏特)}{A(安培)}$$

(四) 電阻與材料及尺寸的關係

$$R = \rho\frac{l}{A}$$

    其中 ρ：電阻材料係數(Ω-m)

            l ：材料長度(m)

            A：材料截面積(m^2)

(五) 電阻材料係數

表 1-3 常用導體之電阻材料係數

材料名稱	電阻材料係數 (Ω-m，20°C)	材料名稱	電阻材料係數 (Ω-m，20°C)
鋁	2.8×10^{-8}	金	2.4×10^{-8}
銅	1.7×10^{-8}	銀	1.6×10^{-8}
黃銅	6.2×10^{-8}	鉛	2.1×10^{-7}
錳銅	4.4×10^{-7}	鋼	1.8×10^{-7}
碳(非晶型)	3.5×10^{-5}	鎳	7.8×10^{-8}
鐵	1.0×10^{-7}	鎢	5.6×10^{-8}

例 1-2

一銅質導體長 2m，截面積為 $1cm^2$，求其在 $20°C$ 時之電阻大小？

解 銅在 $20°C$ 時的電阻係數 $\rho = 1.7 \times 10^{-8} \Omega\text{-m}$

由 $R = \rho \dfrac{l}{A}$

銅之電阻 $R = 1.7 \times 10^{-8}(\Omega\text{-m}) \times \dfrac{2(m)}{1 \times 10^{-4}(m^2)} = 3.4 \times 10^{-4}(\Omega)$

(六) 電阻的色環

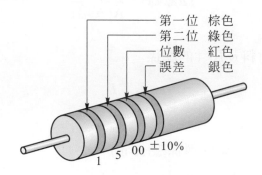

圖 1-5　電阻的色環

每環顏色所對應之數字：

黑---0	藍---6
棕---1	紫---7
紅---2	灰---8
橙---3	白---9
黃---4	銀---10%
綠---5	金---5%

該電阻器之電阻值：

$R = $(第一環之數字)(第二環之數字)$\times 10^{(第三環所對應之數字)} \pm$(第四環之數字)

例 1-3

　　如圖 1-5 所示電阻器之第一位數為棕色，第二位數為綠色，倍數為紅色，誤差為銀色，則此電阻器之電阻值為多少？

 $R = (15 \times 10^2) \pm 10\% = 1350 \sim 1650(\Omega)$

(七) 電阻與溫度之關係

$$R_T = R_{20}\left[1 + \alpha_{20}\left(T - 20\right)\right]$$

　　其中　T　：電阻所在環境的溫度

　　　　　R_{20}：20°C 時之電阻值

　　　　　α_{20}：20°C 時之電阻溫度係數

(八) 電阻溫度係數

　　某材料之溫度上升，其阻值上升(下降)，則稱其為正(負)溫度係數之材料。

表 1-4　常用導體之電阻溫度係數

材料名稱	20°C 時之電阻溫度係數 α (°C⁻¹)	材料名稱	20°C 時之電阻溫度係數 α (°C⁻¹)
銀	+0.0038	鎳	+0.006
銅	+0.00393	鐵	+0.0055
金	+0.0034	黃銅	+0.000008
鋁	+0.0039	錳鎳合金	+0.000002
鎢	+0.0045	碳	−0.0005

Note：通常金屬之電阻溫度係數為正，是因為金屬的價帶與傳導帶能階重疊，當溫度上升時，傳導帶的電子之動能增加，阻礙了電流載子通過，故電阻變大。而碳之電阻溫度係數為負，是因為溫度上升時，碳之價電子能量增加以致價帶與傳導帶間之能階變小，價電子較易跳脫成為自由電子，故電阻變小。

例 1-4

某一碳質電阻，在 20°C 時阻值為 1kΩ，求該電阻於 100°C 時之電阻值？

解 $R_{100} = R_{20}\left[1 + \alpha_{20}(T - 20)\right]$

$= 1000\left[1 + (-0.0005)(100 - 20)\right]$

$= 960(\Omega)$

【Note：倍數及分數的字首和符號(表 1-5)】

表 1-5　倍數及分數的字首和符號

倍數(分數)	字首	符號
10^{18}	(exa)	E
10^{15}	(peta)	P
10^{12}	兆(tera)	T
10^{9}	十億(giga)	G
10^{6}	百萬(mega)	M
10^{3}	仟(kilo)	k
10^{2}	佰(hecto)	h
10^{1}	十(deka)	da
10^{-1}	分(deci)	d
10^{-2}	厘(centi)	c
10^{-3}	毫(milli)	m
10^{-6}	微(micro)	μ
10^{-9}	毫微，奈(nano)	n
10^{-12}	微微(pico)	p
10^{-15}	毫微微(femto)	f
10^{-18}	微微微(atto)	a

六、電功率(Power)

(一) 符號：P

(二) 定義：單位時間內電器所作(消耗)的功

$$P(功率) = \frac{W(功)}{t(時間)}$$

(三) 單位：瓦特(Watt)

1. 符號：W

2. 定義：一秒鐘內作(消耗)一焦耳的功，稱為一瓦特。

$$W(瓦特) = \frac{J(焦耳)}{s(秒)}$$

3. 1HP(馬力) = 746W

Note：$I = \dfrac{Q}{t} \Rightarrow Q = I \times t$

$V = \dfrac{W}{Q} \Rightarrow W = V \times Q = V \times I \times t$

$P = \dfrac{W}{t} = \dfrac{V \times I \times t}{t} = V \times I = I^2 R = \dfrac{V^2}{R}$

例 1-5

有一電池，其電動勢為 1.2 伏特，若以其輸送 1 庫侖電荷量，則此電池作多少的功？

解 $W = V \times Q = 1.2 \times 1 = 1.2$(焦耳)

七、電能(電功，Energy)

(一) 符號：E

(二) 定義：電器所消耗(獲得)之能量(功)。

(三) 單位：

1. 焦耳(Joule)

2. 度(千瓦小時)

    (1) 符號：kW-hr

    (2) 定義：1 千瓦功率的電器連續工作 1 小時所消耗的總能量
       (功)；或 1 度=1 千瓦×1 小時。

例 1-6

求一個 60 瓦特之燈泡連續點亮一年(365 天)所消耗之電能度數？

解 $W = 0.06$ 千瓦×24hr×365 天 = 525.6 度

八、電容(Capacitance)

(一) 符號：C

(二) 定義：

1. 兩極板間所存電荷電量與電位差的比值；或兩極板間可產生單位電位差所需的電量。

$$C(電容) = \frac{Q(電量)}{V(電壓)}$$

2. 以電容器(Capacitor)的尺寸及結構而言，電容量與兩極板間之正投影面積(A)成正比、與兩極板之距離(d)成反比，並與兩極板間之介質(ε 介電係數)有關。

$$C(電容) = \varepsilon \times \frac{A(面積)}{d(距離)}$$

(三) 單位：法拉(Farad)

1. 符號：F

2. 定義：一庫侖的電荷可在兩極板間產生一伏特的電位差，稱該兩極板間有一法拉的電容量。

$$F(法拉) = \frac{C(庫侖)}{V(伏特)}$$

九、電感(Inductance)

(一) 符號：L

(二) 定義：

1. 在封閉電路中，單位電流可產生磁通的能力。

$$L(\text{電感}) = \frac{\phi(\text{磁通})}{I(\text{電流})}$$

2. 在封閉電路中，單位時間內均勻變化的電流所能感應出電動勢的能力。

$$L(\text{電感}) = \frac{V(\text{電壓})}{\dfrac{di}{dt}(\text{電流變化率})}$$

(三) 單位：亨利(Henry)

1. 符號：H

2. 定義：

(1) 電路中一安培的電流，若可感應出一韋伯的磁通量，則稱此電路之電感為 1 亨利。

$$H(\text{亨利}) = \frac{\text{Wb}(\text{韋伯})}{\text{A}(\text{安培})}$$

(2) 電路中每秒一安培均勻變化的電流，若可感應出一伏特的電動勢，則稱此電路之電感為 1 亨利。

$$H(\text{亨利}) = \frac{V(\text{伏特})}{\left[\dfrac{\text{A}(\text{安培})}{\text{s}(\text{秒})}\right]}$$

十、頻率(Frequency)

(一) 符號：f

(二) 定義：單位時間內事件發生(變化)的完整次數

$$f(\text{頻率}) = \frac{c(\text{cycle，次數})}{t(\text{時間})}$$

(三) 單位：赫茲(Hertz)

1. 符號：Hz

2. 定義：一秒鐘內有一週期(一次完整)的變化，稱為一赫茲。

$$\text{Hz}(\text{赫茲}) = \frac{c(\text{週期數})}{\text{s}(\text{秒})}$$

題

一、問答題

1. 何謂「電動勢(emf)」？其單位為何？又其單位之定義為何？

2. 何謂「焦耳(Joule)」？何謂「耳格(Erg)」？其間如何換算？

3. 何謂「電阻(Resistance)」？其與溫度之關係式為何？

4. 何謂「電感(Inductance)」？其單位為何？又其單位之定義為何？

5. 一電阻之色環為棕、紅、橙、銀，其阻值之範圍為何？

6. 何謂「電位(Potential)」？其單位為何？又其單位之定義為何？

7. 1kgw 可換算為多少 dyne？寫出換算過程。

8. 何謂「電容(Capacitance)」？其單位為何？又其單位之定義為何？

9. 何謂「電阻(Resistance)」？其與材料與尺寸之關係式為何？

10.一電阻之色環為綠、黃、橙、金，其阻值之範圍為何？

二、計算題

1. 一電阻之色環為紅、黑、橙、金，求其阻值？

2. 對一 100W 之燈泡通以 100V 之電壓，求：
   (1)燈泡之電流？
   (2)燈泡之電阻？

3. 設一度電費為 10 元，則一個 5hp 之馬達連續運轉 20 小時，求：
   (1)需繳電費幾元？
   (2)消耗多少電能？

4. 已知於 0°C 時銅之電阻係數為 10.37CM-Ω/ft，電阻溫度係數為 0.00427°C^{-1}。
   求長 100 呎、半徑為 0.002 吋的銅線：
   (1)20°C 時之電阻值，(2)20°C 時之電阻溫度係數？(CM：circle mil)

5. 電容值分別為 C_1、C_2、...、C_N 的 N 個電容，求：

   (1)串聯後之總電容值？

   (2)並聯後之總電容值？

6. 一物體發生 20cm 位移，共作 30Joule 的功，求受力幾 kgw？

7. 一銅棒長 30cm，截面積 $3cm^2$，求 $50°C$ 時的電阻？銅的電阻材料係數($20°C$)：$1.7×10^{-8}Ω\text{-}m$，銅的電阻溫度係數：$+0.00393°C^{-1}$。

8. 一電器於 2 小時內消耗 10 度電，求其馬力(hp)數。

Chapter**2**

直流電路

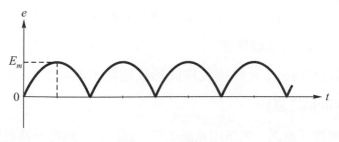

2.1 直流電與交流電的定義

一、**直流(Direct Current, DC)電源**：電流的方向(電壓的極性)不隨時間而改變的電源。

二、**交流(Alternative Current, AC)電源**：電流的方向(電壓的極性)會隨時間而改變的電源。

Note：根據上述定義，圖 2-1 的電源是直流還是交流？

圖 2-1 電源波形

2.2 電路元件

一、主動元件(Active element)：提供能量的元件，i.e.電源(Power source)。

Note：「i.e.」是拉丁字，常用於科學敘述中，其意思為「亦即」或「也就是說」。

(一) 電壓源(Voltage source)：提供固定電壓的電源。

    1.   直流電壓源：提供固定直流電壓的電源，其符號為：$\dashv\vdash_{xV}$，係一長一短的平行線，表示長線端的電位比短線端的電位高 x 伏特。

    2.   交流電壓源：提供固定交流電壓的電源，其符號為：$\bigotimes_{xV}$，係由一圓圈內含一正弦波的符號所組成，表示該電源可提供 x 伏特的交流電動勢。

(二) 電流源(Current source)：提供固定電流的電源，其符號為：$\bigcirc\!\!\rightarrow_{xA}$，係由一圓圈內含一箭頭的符號所組成，表示該電源可依箭頭的方向流出 x 安培的電流。

二、被動元件(Passive element)：消耗能量的元件，i.e.負載(Load)。

(一) 電阻：(Resistor, R)，其符號為：$-\!\!\bigvee\!\!\bigvee\!\!\bigvee\!\!-$。

(二) 電感：(Inductor, L)，其符號為：$-\!\!\text{mmm}\!\!-$。

(三) 電容：(Capacitor, C)，其符號為：$\dashv\vdash$ 或 $\dashv\!($ (指充電後的電容，直線側代表正端，曲線側代表負端)。

三、電路(Circuit)的三個狀態

(一) 通路(Close)：元件與元件間形成迴路，如圖 2-2 (圖中之 S 代表開關(switch)之意)。

Note：所謂「迴路」是指由電路中任一點出發，繞行一路徑可再回到該點，則此路徑稱為一迴路。

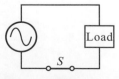

圖 2-2　通路(Close)

(二) 開路、斷路(Open)：元件與元件間無法形成迴路、互不導通，如圖
2-3。

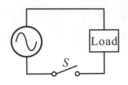

圖 2-3　開路(Open)

(三) 短路(Short)：

1.　電路中任兩點間除導線外無其他元件介於該兩點間之通路。

2.　電源之電流不經負載直接流回電源之迴路。

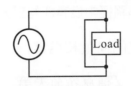

圖 2-4　短路(Short)

Note：1.　電流有向小負載流動的特性，負載愈小，電流愈大。
　　　2.　若電路中兩點間為短路，則該兩點間為等電位且可視為同一點。

2.3　克希荷夫電流定律(Kirchhoff's Current Law, KCL)

一、流入網路中任一節點的電流和，必等於流出該點的電流和。

二、$\sum \vec{i} = 0$ (i.e.該節點電流的向量和為零)。

三、乃根據物質不滅定律，又稱克希荷夫第一定律。

例 2-1

電路如圖 2-5 所示，求電流 I_1 及 I_2 ？

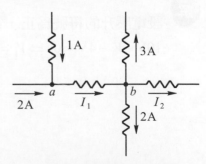

圖 2-5　例題 2-1 的電路

設流入節點之電流的符號為正；流出為負，則

於 a 點：$2A + 1A - I_1 = 0 \Rightarrow I_1 = 3(A)$

於 b 點：$I_1 - 3A - 2A - I_2 = 0 \Rightarrow I_2 = -2(A)$（$I_2$ 為負號表示其方向為流入 b 點）

2.4 克希荷夫電壓定律(Kirchhoff's Voltage Law, KVL)

一、在封閉迴路中，所有電壓升之和，等於電壓降之和。

Note：所謂「封閉迴路」是指路徑中沒有任何部分是重複的迴路。

二、$\sum \vec{v} = 0$ (i.e.該迴路電壓的向量和為零)。

三、乃根據能量不滅定律，又稱克希荷夫第二定律。

例 2-2

電路如圖 2-6 所示，求電壓 V_1？

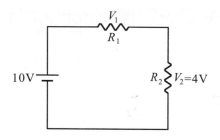

圖 2-6 例題 2-2 的電路

 設電壓升的符號為正，電壓降為負，則

$10V - V_1 - 4V = 0 \Rightarrow V_1 = 6V$

2.5　歐姆定律(Ohm's Law)

德國科學家歐姆於 1827 年提出的實驗報告。該報告有兩個重點：

一、一電路兩端電壓(V)的大小與該電路之電流(I)成正比：$V = k \times I$，此比例常數 k 即為該電路的阻抗(Z)；i.e. $V = Z \times I$。學界為紀念歐姆的貢獻，遂將阻抗的單位命名為「歐姆(Ohm)」。

Note：1. 阻抗係指電阻(R)與電抗(Reactance, X)之向量和。關於電抗將在交流電路的章節中有詳述。

2. 由 $V = I \times Z$ 可推導出：

(1) $Z = \dfrac{V}{I}$：一電路之阻抗(Z)係該電路之電動勢(V)與電流(I)的比值。

(2) $I = \dfrac{V}{Z}$：一電路電流的大小(I)與該電路之總電動勢(V)成正比，與總阻抗(Z)成反比。

二、此定律適用於總電路亦適用於局部電路。

例 2-3

電路如圖 2-7 所示，求電流 I？

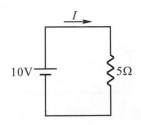

圖 2-7　例題 2-3 的電路

 $I = \dfrac{V}{R} = \dfrac{10}{5} = 2(\text{A})$

例 2-4

電路如圖 2-8 所示，求電流 I、I_1、I_2、I_3、I_4、I_5、總電阻 R？

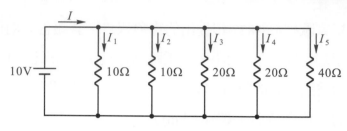

圖 2-8　例題 2-4 的電路

(1) 根據歐姆定律：

$$I_1 = \frac{10V}{10\Omega} = 1A \qquad I_2 = \frac{10}{10} = 1(A) \qquad I_3 = \frac{10}{20} = 0.5(A)$$

$$I_4 = \frac{10}{20} = 0.5(A) \qquad I_5 = \frac{10}{40} = 0.25(A)$$

(2) 根據 KCL：$I = I_1 + I_2 + I_3 + I_4 + I_5 = 1 + 1 + 0.5 + 0.5 + 0.25 = 3.25(A)$

(3) 總電阻 $R = \frac{V}{I} = \frac{10}{3.25} = \frac{40}{13} = 3\frac{1}{13}(\Omega) = 3.077(\Omega)$

Note：計算式中，何時單位該括弧？

例 2-5

電路如圖 2-9 所示，求(1)電壓 V_{R3}，(2)電阻 R_1、R_2、R_3，(3)總電阻 R？

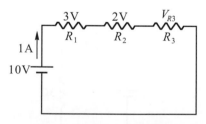

圖 2-9　例題 2-5 的電路

(1) 根據 KVL：$10 - 3 - 2 - V_{R3} = 0 \Rightarrow V_{R3} = 5V$

(2) 根據 Ohm's Law：

$$R_1 = \frac{V_1}{I_1} = \frac{3}{1} = 3(\Omega) \qquad R_2 = \frac{V_2}{I_2} = \frac{2}{1} = 2(\Omega) \qquad R_3 = \frac{V_3}{I_3} = \frac{5}{1} = 5(\Omega)$$

(3) 根據 Ohm's Law：$R = \dfrac{V}{I} = \dfrac{3+2+5}{1} = 10(\Omega)$

　　或 $R = R_1 + R_2 + R_3 = 3+2+5 = 10(\Omega)$

2.6　串聯與並聯電路

一、串聯電路(Serial circuit)

(一) 指各元件頭尾依序相串接而成的電路(圖 2-10 中 a、b 間之電路)

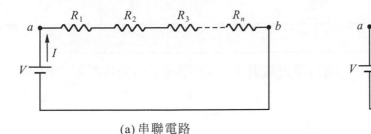

(a) 串聯電路　　　　　　　　　　　(b) 等效電路

圖 2-10　串聯電路及其等效電路

(二) 其等效總電阻(R_e)為各電阻之和(阻值越串越大)：

$$R_1 + R_2 + \ldots + R_n = R_e$$

【Proof】：

設等效總電阻為 R_e，則根據 KVL 及 Ohm's law：

$V = I \times R_1 + I \times R_2 + \ldots + I \times R_n$

$\quad = I \times (R_1 + R_2 + \ldots + R_n)$

$\quad = I \times R_e$

$\therefore R_1 + R_2 + \ldots + R_n = R_e$

(三) 流經各元件之電流相等：$I_{R_1} = I_{R_2} = \ldots = I_{R_n}$

(四) 電路兩端之電壓等於每一元件兩端電壓之總和：

$$V_{ab} = V_{R_1} + V_{R_2} + \ldots + V_{R_n}$$

(五) 又稱為分壓電路(Voltage divider)：每元件所分得電壓與該元件的電阻成正比。

【Proof】：

如圖 2-10(a)，

$$V = I \times R_1 + I \times R_2 + \ldots + I \times R_n = I \times (R_1 + R_2 + \ldots + R_n)$$

$$\Rightarrow \quad I = \frac{V}{(R_1 + R_2 + \ldots + R_n)}$$

$$\Rightarrow \quad V_n = I \times R_n = \frac{V}{(R_1 + R_2 + \ldots + R_n)} \times R_n = \frac{R_n}{(R_1 + R_2 + \ldots + R_n)} \times V$$

例 2-6

電路如圖 2-11 所示，求(1)等效電阻 R_e，(2)電流 I，(3)各電阻之壓降。

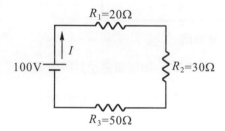

圖 2-11　例題 2-6 的電路

(1) $R_e = R_1 + R_2 + R_3 = 20 + 30 + 50 = 100(\Omega)$

(2) $I = \dfrac{V}{R} = \dfrac{100}{100} = 1(\text{A})$

(3) 根據 Ohm's Law：

$$V_{R_1} = I \times R_1 = 1 \times 20 = 20(\text{V})$$

$$V_{R_2} = I \times R_2 = 1 \times 30 = 30(\text{V})$$

$$V_{R_3} = I \times R_3 = 1 \times 50 = 50(\text{V})$$

或根據 KVL：

$$V_{R_3} = V - V_{R_1} - V_{R_2} = 100 - 20 - 30 = 50(\text{V})$$

(4) 或根據上述分壓電路法則：

$$V_{R_1} = \frac{R_1}{(R_1 + R_2 + R_3)} \times V = \frac{20}{(20 + 30 + 50)} \times 100 = 20(\text{V})$$

$$V_{R_2} = \frac{R_2}{(R_1 + R_2 + R_3)} \times V = \frac{30}{(20+30+50)} \times 100 = 30 \text{(V)}$$

$$V_{R_3} = \frac{R_3}{(R_1 + R_2 + R_3)} \times V = \frac{50}{(20+30+50)} \times 100 = 50 \text{(V)}$$

二、並聯電路(Parallel circuit)

(一) 指各元件頭與頭、尾與尾並接而成的電路。

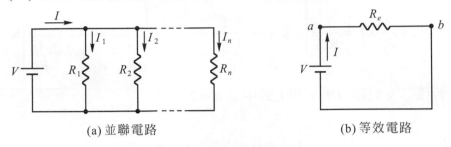

(a) 並聯電路　　　　　　(b) 等效電路

圖 2-12　並聯電路及其等效電路

(二) 其等效阻值(R_e)為各個電阻之倒數的和的倒數(阻值愈並愈小)：

$$R_e = \frac{1}{\dfrac{1}{R_1} + \dfrac{1}{R_2} + \cdots + \dfrac{1}{R_n}}$$

【Proof】：

設等效總電阻為 R_e，則根據 KCL 及 Ohm's law：

$$I = I_1 + I_2 + \ldots + I_n$$
$$= \frac{V}{R_1} + \frac{V}{R_2} + \ldots + \frac{V}{R_n}$$
$$= V \times \left(\frac{1}{R_1} + \frac{1}{R_2} + \ldots + \frac{1}{R_n} \right) = \frac{V}{R_e}$$
$$\therefore \frac{1}{R_e} = \frac{1}{R_1} + \frac{1}{R_2} + \cdots + \frac{1}{R_n} \Rightarrow R_e = \frac{1}{\dfrac{1}{R_1} + \dfrac{1}{R_2} + \cdots + \dfrac{1}{R_n}}$$

(三) 並聯各元件之電壓均相等。

$$V_{R_1} = V_{R_2} = \ldots = V_{R_n}$$

(四) 電路之總電流等於各並聯支路之電流和。

$$I = I_1 + I_2 + \ldots + I_n$$

(五) 又稱為分流電路(Shunt circuit)：每分支所分得電流與該分支的電阻成
反比。

如圖 2-12，

$$V = I \times R_e = I \times \frac{1}{\frac{1}{R_1} + \frac{1}{R_2} \cdots + \frac{1}{R_n}}$$

$$\Rightarrow I_n = \frac{1}{R_n} \times V = \frac{1}{R_n} \times \left(I \times \frac{1}{\frac{1}{R_1} + \frac{1}{R_2} + \cdots + \frac{1}{R_n}} \right) = \left(\frac{\frac{1}{R_n}}{\frac{1}{R_1} + \frac{1}{R_2} + \cdots + \frac{1}{R_n}} \right) \times I$$

若僅二支電路分流，即上式中之 $n = 2$，則

$$I_1 = \left(\frac{\frac{1}{R_1}}{\frac{1}{R_1} + \frac{1}{R_2}} \right) \times I = \left(\frac{1}{R_1} \times \frac{R_1 \times R_2}{R_1 + R_2} \right) \times I = \left(\frac{R_2}{R_1 + R_2} \right) \times I$$

$$I_2 = \left(\frac{\frac{1}{R_2}}{\frac{1}{R_1} + \frac{1}{R_2}} \right) \times I = \left(\frac{1}{R_2} \times \frac{R_1 \times R_2}{R_1 + R_2} \right) \times I = \left(\frac{R_1}{R_1 + R_2} \right) \times I$$

例 2-7

電路如圖 2-13 所示，求(1)等效電阻 R_e，(2)電流 I、I_1、I_2、I_3。

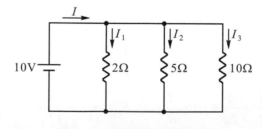

圖 2-13　例題 2-7 的電路

解

(1) $R_e = \dfrac{1}{\dfrac{1}{2} + \dfrac{1}{5} + \dfrac{1}{10}} = \dfrac{5}{4}(\Omega) = 1\dfrac{1}{4}(\Omega)$

(2) $I_1 = \dfrac{V}{R_1} = \dfrac{10}{2} = 5(A)$

$$I_2 = \frac{V}{R_2} = \frac{10}{5} = 2(\text{A})$$

$$I_3 = \frac{V}{R_3} = \frac{10}{10} = 1(\text{A})$$

$$I = I_1 + I_2 + I_3 = 5 + 2 + 1 = 8(\text{A}) \text{ 或 } I = \frac{V}{R_e} = \frac{10}{\frac{5}{4}} = 8(\text{A})$$

(3) 或根據上述分流電路法則：

$$I_1 = \left(\frac{\frac{1}{R_1}}{\frac{1}{R_1} + \frac{1}{R_2} + \frac{1}{R_3}} \right) \times I = \left(\frac{\frac{1}{2}}{\frac{1}{2} + \frac{1}{5} + \frac{1}{10}} \right) \times 8 = 5(\text{A})$$

$$I_2 = \left(\frac{\frac{1}{R_2}}{\frac{1}{R_1} + \frac{1}{R_2} + \frac{1}{R_3}} \right) \times I = \left(\frac{\frac{1}{5}}{\frac{1}{2} + \frac{1}{5} + \frac{1}{10}} \right) \times 8 = 2(\text{A})$$

$$I_3 = \left(\frac{\frac{1}{R_3}}{\frac{1}{R_1} + \frac{1}{R_2} + \frac{1}{R_3}} \right) \times I = \left(\frac{\frac{1}{10}}{\frac{1}{2} + \frac{1}{5} + \frac{1}{10}} \right) \times 8 = 1(\text{A})$$

Note：1. $R_a \mathbin{/\!/} R_b = \dfrac{1}{\dfrac{1}{R_a} + \dfrac{1}{R_b}} = \dfrac{R_a \times R_b}{R_a + R_b}$

2. $R \mathbin{/\!/} R = \dfrac{R \times R}{R + R} = \dfrac{1}{2}R$

3. $R \mathbin{/\!/} 10R \approx R$

4. No load(無載)：$R_L = \infty$；即如圖 2-14 中之 R_L 不存在(開路)、電源電流 $I = 0$ 時的情形。

    Full load(滿載)：R_L 很小，負載阻值小到電源必須提供電源功率(P)的上限時的情形。對電壓源而言，即負載阻值小到使電源工作在可輸出電流的上限的情形。如圖 2-14 中之電源電流大到

$$I = \frac{P}{V} \text{ 時的情形，此時 } R_L = \frac{V}{I} = \frac{V}{\dfrac{P}{V}} = \frac{V^2}{P} \text{。}$$

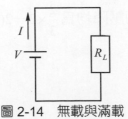

若一電源的負載阻值小於滿載阻值，則會發生「負載效應(Loading Effect)」。

圖 2-14　無載與滿載

三、串並聯電路

以上二小節介紹的是單純的串聯與單純的並聯電路，但實際上電路多為串、並聯混合組成。串並聯混合電路討論的方法為先分別將並聯部分計算出等效電阻，再與其他部分串聯，即可得該電路之總電阻。以如下數例說明。

例 2-8

電路如圖 2-15 所示，求(1)等效總電阻 R_e，(2)電流 I，(3)V_{ab}、V_{bc}、V_{cd}。

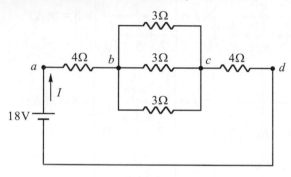

圖 2-15　例題 2-8 的電路

解

(1) $R_e = 4 + \dfrac{1}{\dfrac{1}{3} + \dfrac{1}{3} + \dfrac{1}{3}} + 4 = 9(\Omega)$

(2) $I = \dfrac{V}{R_e} = \dfrac{18}{9} = 2(A)$

(3) $V_{ab} = I \times R_{ab} = 2 \times 4 = 8(V)$

$V_{bc} = I \times R_{bc} = 2 \times \dfrac{1}{\dfrac{1}{3} + \dfrac{1}{3} + \dfrac{1}{3}} = 2(V)$

另解：

因 bc 間為分流電路，現三支路的電阻相等，故每支分得電流為：

$2 \times \dfrac{1}{3} = \dfrac{2}{3}(A)$，所以每分支的壓降均為 $\dfrac{2}{3} \times 3 = 2(V)$。

$V_{cd} = I \times R_{cd} = 2 \times 4 = 8(V)$

例 2-9

電路如圖 2-16 所示，求(1)等效電阻 R_e，(2)電流 I、I_1、I_2、I_3。

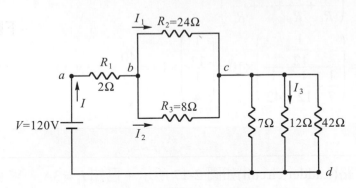

圖 2-16 例題 2-9 的電路

解

(1) $R_e = 2 + \dfrac{1}{\dfrac{1}{24}+\dfrac{1}{8}} + \dfrac{1}{\dfrac{1}{7}+\dfrac{1}{12}+\dfrac{1}{42}} = 12(\Omega)$

(2) $I = \dfrac{V}{R_e} = \dfrac{120}{12} = 10(\text{A})$

$I_1 = I \times \dfrac{R_3}{R_2+R_3} = 10 \times \dfrac{8}{24+8} = 2.5(\text{A})$

$I_2 = I \times \dfrac{R_2}{R_2+R_3} = 10 \times \dfrac{24}{24+8} = 7.5(\text{A})$

另解 1：

$\left.\begin{array}{l} I_1 + I_2 = I \\ I_1 \times R_2 = I_2 \times R_3 \end{array}\right\} \Rightarrow \left.\begin{array}{l} I_1 + I_2 = 10 \\ I_1 \times 24 = I_2 \times 8 \end{array}\right\} \Rightarrow$ 解聯立方程式，得 $\begin{array}{l} I_1 = 2.5\text{A} \\ I_2 = 7.5\text{A} \end{array}$

另解 2：

$R_{bc} = R_2 \mathbin{/\mkern-5mu/} R_3 = \dfrac{1}{\dfrac{1}{24}+\dfrac{1}{8}} = \dfrac{24 \times 8}{24+8} = 6(\Omega)$

$\left.\begin{array}{l} I_1 \times R_2 = I \times R_{bc} \\ I_2 \times R_3 = I \times R_{bc} \end{array}\right\} \Rightarrow \left.\begin{array}{l} I_1 \times 24 = 10 \times 6 \\ I_2 \times 8 = 10 \times 6 \end{array}\right\} \Rightarrow$ 解聯立方程式，得 $\begin{array}{l} I_1 = 2.5\text{A} \\ I_2 = 7.5\text{A} \end{array}$

$V = V_{ab} + V_{bc} + V_{cd} \Rightarrow 120 = (I \times R_1) + (I_1 \times R_2) + V_{cd}$

$\Rightarrow 120 = (10 \times 2) + (2.5 \times 24) + V_{cd} \Rightarrow V_{cd} = 40\text{V}$

$I_3 = \dfrac{40}{12} = 3.33(\text{A})$

或根據 2.6-2 節中所述分流電路法則：

$$I_n = \left(\frac{\dfrac{1}{R_n}}{\dfrac{1}{R_1} + \dfrac{1}{R_2} + \cdots + \dfrac{1}{R_n}} \right) \times I \text{ ,}$$

$$I_3 = \left(\frac{\dfrac{1}{12}}{\dfrac{1}{7} + \dfrac{1}{12} + \dfrac{1}{42}} \right) \times 10 = \left(\frac{\dfrac{1}{12}}{\dfrac{1}{4}} \right) \times 10 = \frac{40}{12} = 3.33(\text{A})$$

例 2-10

一階梯電路(Ladder circuit)如圖 2-17 所示，已知 $I_1 = 3\text{A}$ ，求 V_{gh} 。

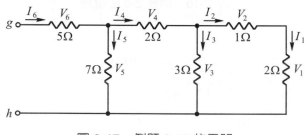

圖 2-17　例題 2-10 的電路

由 KVL， $V_{gh} = V_6 + V_5$ ，而要求 V_6 、 V_5 必須先求 I_6 、 I_5 ；

由 KCL， $I_6 = I_5 + I_4$ ， $I_4 = I_3 + I_2$ ，現 $I_2 = I_1 = 3\text{A}$ ，

I_5 、 I_4 、 I_3 可由 Ohm's Law 求得。

故本題由電路右邊往左邊求回去即可得解。

$V_1 = I_1 \times 2\Omega = 3\text{A} \times 2\Omega = 6\text{V}$

$V_2 = I_2 \times 1\Omega = 3\text{A} \times 1\Omega = 3\text{V}$

$V_3 = V_2 + V_1 = 3 + 6 = 9(\text{V}) \quad \Rightarrow I_3 = \dfrac{9}{3} = 3(\text{A})$

$I_4 = I_3 + I_2 = 3 + 3 = 6(\text{A}) \quad \Rightarrow V_4 = 6 \times 2 = 12(\text{V})$

$V_5 = V_4 + V_3 = 12 + 9 = 21(\text{V}) \quad \Rightarrow I_5 = \dfrac{21}{7} = 3(\text{A})$

$I_6 = I_5 + I_4 = 3 + 6 = 9(\text{A}) \quad \Rightarrow V_6 = 9 \times 5 = 45(\text{V})$

$V_{gh} = V_6 + V_5 = 45 + 21 = 66(\text{V})$

例 2-11

電路如圖 2-18 所示，求此無窮多級階梯網路之輸入電阻 R_i。

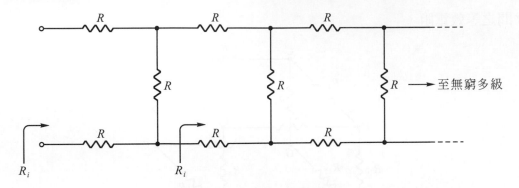

圖 2-18　例題 2-11 的電路

解 此網路之輸入電阻為 R_i，因其為無窮多級，故自下一級看入之輸入電阻仍

為 R_i，故此網路之等效電路為：

由圖 2-19，

$$R_i = R + \frac{R \times R_i}{R + R_i} + R \implies R_i^2 - 2RR_i - 2R^2 = 0$$

$$R_i = R \pm \sqrt{R^2 + 2R^2} = R \pm \sqrt{3}R$$

因電阻值須為正，故 $R_i = \left(1 + \sqrt{3}\right)R$

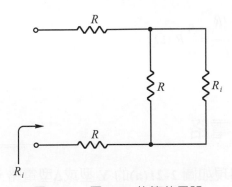

圖 2-19　圖 2-18 的等效電路

例 2-12

一立體式電阻網路如圖 2-20 所示，設該網路每邊之電阻值皆為 $R\Omega$，求 A、B 間之等效電阻。

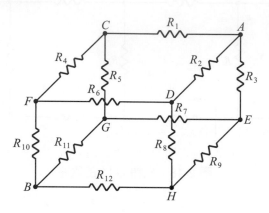

圖 2-20　例題 2-12 的電路

解 設有 I 安培之電流自 A 點流入、自 B 點流出，則 R_1、R_2、R_3、R_{10}、R_{11}、R_{12} 等六支電阻的電流均為 $\dfrac{I}{3}$ 安培，而其餘六支電阻的電流則均為 $\dfrac{I}{6}$ 安培。自 A 取任一路徑至 B 之間的電壓為 V_{AB}，則

$$V_{AB} = \frac{I}{3}\times R + \frac{I}{6}\times R + \frac{I}{3}\times R = \frac{5}{6}IR \text{ (V)}$$

$$\therefore R_{AB} = \frac{V_{AB}}{I_{AB}} = \frac{\frac{5}{6}IR}{I} = \frac{5}{6}R \ (\Omega)$$

2.7　Y 與 Δ 電路

一、電路中有時會出現如圖 2-21(a)的 Y 型或Δ型電路，此時不易以串並聯的方式解決。但此兩型電路間可互相轉換(如圖 2-21(b))，轉換後問題通常可以迎刃而解。

(a) Δ形與 Y形電路　　　　　　(b) 其間之轉換

圖 2-21　Y 型與Δ型電路及其間之轉換

二、兩型電路間轉換的關係(如圖 2-21(b))

(一) 由已知 R_1、R_2、R_3 構成的Δ型電路轉換為由 R_a、R_b、R_c 構成的 Y 型
電路(Δ→Y)

$$R_a = \frac{R_2 \times R_3}{R_1 + R_2 + R_3}$$

$$R_b = \frac{R_1 \times R_3}{R_1 + R_2 + R_3}$$

$$R_c = \frac{R_1 \times R_2}{R_1 + R_2 + R_3}$$

Note：待求電阻 $= \dfrac{\text{待求電阻兩側之電阻相乘}}{\text{已知三電阻相加}} = \dfrac{\text{夾邊積}}{\text{三邊和}}$ 。

(二) 由已知 R_a、R_b、R_c 構成的 Y 型電路轉換為由 R_1、R_2、R_3 構成的Δ型
電路(Y→Δ)

$$R_1 = \frac{(R_a \times R_b) + (R_b \times R_c) + (R_c \times R_a)}{R_a}$$

$$R_2 = \frac{(R_a \times R_b) + (R_b \times R_c) + (R_c \times R_a)}{R_b}$$

$$R_3 = \frac{(R_a \times R_b) + (R_b \times R_c) + (R_c \times R_a)}{R_c}$$

Note：待求電阻 $= \dfrac{\text{已知電阻兩兩相乘之和}}{\text{待求電阻對面的電阻}} = \dfrac{\text{兩兩相乘和}}{\text{對邊}}$ 。

(三) 【Proof】：

於 Y 型電路中：

$$R_{AB} = R_a + R_b \ , \ \ R_{BC} = R_b + R_c \ , \ \ R_{CA} = R_c + R_a \ ;$$

於 Δ 型電路中：

$$R_{AB} = R_3 \ // \ (R_2 + R_1) = \frac{R_3 (R_1 + R_2)}{R_1 + R_2 + R_3}$$

$$R_{BC} = R_1 \ // \ (R_3 + R_2) = \frac{R_1 (R_2 + R_3)}{R_1 + R_2 + R_3}$$

$$R_{CA} = R_2 \ // \ (R_1 + R_3) = \frac{R_2 (R_1 + R_3)}{R_1 + R_2 + R_3}$$

現兩者互為等效電路，故

$$R_{AB} = R_a + R_b = \frac{R_3 (R_1 + R_2)}{R_1 + R_2 + R_3} \quad \dots\dots\dots\dots\dots\dots\dots\dots (1)$$

$$R_{BC} = R_b + R_c = \frac{R_1 (R_2 + R_3)}{R_1 + R_2 + R_3} \quad \dots\dots\dots\dots\dots\dots\dots\dots (2)$$

$$R_{CA} = R_c + R_a = \frac{R_2 (R_1 + R_3)}{R_1 + R_2 + R_3} \quad \dots\dots\dots\dots\dots\dots\dots\dots (3)$$

(1)+(2)+(3)得：$2(R_a + R_b + R_c) = \dfrac{2(R_1 R_2 + R_2 R_3 + R_3 R_1)}{R_1 + R_2 + R_3}$

$$\Rightarrow (R_a + R_b + R_c) = \frac{(R_1 R_2 + R_2 R_3 + R_3 R_1)}{R_1 + R_2 + R_3} \quad \dots\dots\dots\dots\dots\dots (4)$$

(4)−(2)得：$R_a = \dfrac{R_2 \times R_3}{R_1 + R_2 + R_3}$ $\quad \dots\dots\dots\dots\dots\dots\dots\dots (5)$

(4)−(3)得：$R_b = \dfrac{R_1 \times R_3}{R_1 + R_2 + R_3}$ $\quad \dots\dots\dots\dots\dots\dots\dots\dots (6)$

(4)−(1)得：$R_c = \dfrac{R_1 \times R_2}{R_1 + R_2 + R_3}$ .... (7)

(5)、(6)、(7)三式即為 Δ→Y 的公式

又(5)×(6)+(6)×(7)+(7)×(5)得：

$$R_aR_b + R_bR_c + R_cR_a = \frac{R_1R_2R_3(R_1+R_2+R_3)}{(R_1+R_2+R_3)^2} = \frac{R_1R_2R_3}{R_1+R_2+R_3}$$ .... (8)

(8)÷(5)得：$R_1 = \dfrac{(R_a \times R_b)+(R_b \times R_c)+(R_c \times R_a)}{R_a}$ .... (9)

(8)÷(6)得：$R_2 = \dfrac{(R_a \times R_b)+(R_b \times R_c)+(R_c \times R_a)}{R_b}$ .... (10)

(8)÷(7)得：$R_3 = \dfrac{(R_a \times R_b)+(R_b \times R_c)+(R_c \times R_a)}{R_c}$ .... (11)

(9)、(10)、(11)三式即為 Y→Δ的公式

例 2-13

電路如圖 2-22 所示，求(1)等效電阻 R_e，(2)電流 I_1、I_2、I_3。

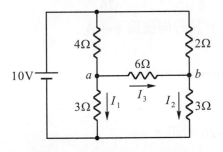

圖 2-22　例題 2-13 的電路

(1) 圖 2-22 可重繪成圖 2-23
　　將圖 2-23 的上三角形電路化成 Y 型
　　電路，如圖 2-24。

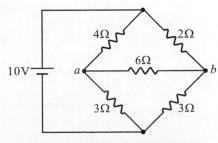

圖 2-23　圖 2-22 的等效電路

由 Δ→Y 的公式可求得圖 2-24 中之

$$R_a = \frac{2 \times 4}{4+6+2} = \frac{2}{3}(\Omega)$$

$$R_b = \frac{4 \times 6}{4+6+2} = 2(\Omega)$$

$$R_c = \frac{2 \times 6}{4+6+2} = 1(\Omega)$$

再將圖 2-24 重繪成圖 2-25

$$R_e = \frac{2}{3} + \frac{1}{\frac{1}{5}+\frac{1}{4}} = \frac{26}{9}(\Omega) = 2\frac{8}{9}(\Omega)$$

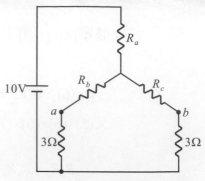

圖 2-24　圖 2-23 的等效電路

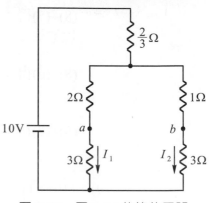

圖 2-25　圖 2-24 的等效電路

(2)　$I = \dfrac{10}{\dfrac{26}{9}} = \dfrac{45}{13}(A)$

$$I_1 = \frac{45}{13} \times \frac{4}{5+4} = \frac{20}{13} = 1.538(A)$$

$$I_2 = \frac{45}{13} \times \frac{5}{5+4} = \frac{25}{13} = 1.923(A)$$

$$I_3 = \frac{V_{ab}}{6\Omega} = \frac{\left(\dfrac{20}{13} \times 3\right) - \left(\dfrac{25}{13} \times 3\right)}{6} = -\frac{5}{26} = -0.192(A)$$

（I_3 的負號表示其方向應為 $b \to a$）

三、惠斯登電橋(Wheaston bridge)

(一) 由四支臂(Arm)所構成的四邊形電路，若四支臂均為電阻則稱電阻電橋，如圖 2-26 所示。

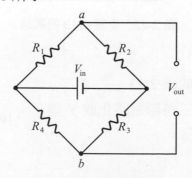

圖 2-26　惠斯登電橋

(二) 該電路之一對頂點為輸入(V_{in})，另一對頂點為輸出(V_{out})。

$$V_{out} = V_{ab} = V_a - V_b$$

$$= \left(\frac{R_2}{R_1 + R_2} \times V_{in} \right) - \left(\frac{R_3}{R_3 + R_4} \times V_{in} \right)$$

$$= \left(\frac{R_2}{R_1 + R_2} - \frac{R_3}{R_3 + R_4} \right) \times V_{in}$$

(三) 電橋平衡(Bridge balanced) $\Leftrightarrow V_{out} = 0$

現欲使電橋平衡($V_{out} = 0$)，則 V_{out} 式中須

$\left(\dfrac{R_2}{R_1 + R_2} - \dfrac{R_3}{R_3 + R_4} \right) = 0$ 或 $V_{in} = 0$，然 $V_{in} = 0$ 係非主要解(Trivial

solution)，故勢必 $\left(\dfrac{R_2}{R_1 + R_2} - \dfrac{R_3}{R_3 + R_4} \right) = 0 \Leftrightarrow \dfrac{R_2}{R_1 + R_2} = \dfrac{R_3}{R_3 + R_4} \Leftrightarrow$

$\dfrac{R_1}{R_4} = \dfrac{R_2}{R_3}$ (或是 $\dfrac{R_1}{R_2} = \dfrac{R_4}{R_3}$)

例 2-14

電路如圖 2-27 所示，求 X、Y 間的電阻 R_{XY}。

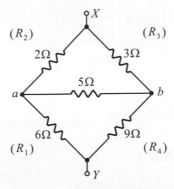

圖 2-27　例題 2-14 的電路

解 因為該電橋四個臂的阻值比例符合電橋平衡的條件 $\dfrac{2}{6} = \dfrac{3}{9}$，所以 $V_{ab} = 0$。

可見 a、b 間無電流流過，因而 a、b 間的 5Ω 電阻可視為無效元件而從電路中移除。

5Ω 電阻移除後的電路則為(2Ω 串聯 6Ω)並聯(3Ω 串聯 9Ω)，

$$\therefore R_{XY} = \frac{1}{\dfrac{1}{2+6}+\dfrac{1}{3+9}} = 4.8(\Omega)$$

另解：

將圖 2-27 之電路的上三角化成 Y 型電路，如圖 2-28。

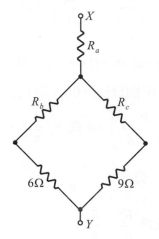

圖 2-28　圖 2-27 的等效電路電路

則 $R_a = \dfrac{2\times 3}{2+3+5} = \dfrac{3}{5}(\Omega)$ ， $R_b = \dfrac{2\times 5}{2+3+5} = 1(\Omega)$ ， $R_c = \dfrac{3\times 5}{2+3+5} = \dfrac{3}{2}(\Omega)$

$$\therefore R_{XY} = \frac{3}{5} + \left[(1+6) \mathbin{/\!/} \left(\frac{3}{2}+9 \right) \right] = 4.8(\Omega)$$

 ## 2.8　網路分析的方法

一、分支電流法(節點電流法)

步驟：

(一) 於每一支路中設定一電流方向，通常令 CW(Clockwise，順時鐘)為正。

(二) 於分支節點上建立一克希荷夫電流方程式。

(三) 於每一支路上建立一克希荷夫電壓方程式。

(四) 解聯立方程式。

例 2-15

電路如圖 2-29 所示,求電流 I_1、I_2、I_3。

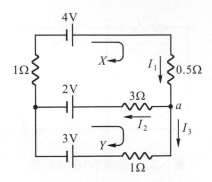

圖 2-29 例題 2-15 的電路

(1) 設 X 及 Y 支路之正方向為 CW。

(2) 於 a 點,克希荷夫電流方程式:$I_1 = I_2 + I_3$ ....(1)

(3) 於 X 支路中,克希荷夫電壓方程式:$4 - 0.5I_1 - 3I_2 - 2 - 1I_1 = 0$ ....(2)

於 Y 支路中,克希荷夫電壓方程式:$2 - (-3I_2) - 1I_3 - 3 = 0$ ....(3)

(4) 解(1)(2)(3)聯立方程式,得 $I_1 = \dfrac{5}{9} \text{A}$,$I_2 = \dfrac{7}{18} \text{A}$,$I_3 = \dfrac{1}{6} \text{A}$

二、網目電流法

步驟:

(一) 設定各網目的電流及方向,通常令 CW(Clockwise,順時鐘)為正。

(二) 建立各網目的克希荷夫電壓方程式。

(三) 解聯立方程式。

(四) 任一支路若僅包含在一網目中,則此網目的電流大小及方向即為此支路之電流的大小及方向;若包含於數個網目中,則為該數個網目之電流的向量和。

例 2-16

電路如圖 2-30 所示，求流過 40Ω、60Ω 及 20Ω 之電流的大小及方向。

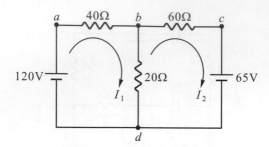

圖 2-30　例題 2-16 的電路

 (1) 設 I_1 及 I_2 均以 CW 為正方向。

(2) 寫出各網目的克希荷夫電壓方程式：

$$120 - 40I_1 - 20I_1 + 20I_2 = 0$$

$$-60I_2 - 65 - 20I_2 + 20I_1 = 0$$

(3) 解上述二聯立方程式，

得 $I_1 = \dfrac{83}{44}\mathrm{A}$

$I_2 = \dfrac{-15}{44}\mathrm{A}$

(4) 由電路可知：

$$I_{40\Omega} = \frac{83}{44}\mathrm{A} = 1\frac{39}{44}\mathrm{A}\ (方向：a{\to}b)$$

$$I_{60\Omega} = \frac{15}{44}\mathrm{A}\ (方向：c{\to}b)$$

$$I_{20\Omega} = I_1 - I_2 = \frac{83}{44} - \left(-\frac{15}{44}\right) = \frac{98}{44} = 2\frac{5}{22}(\mathrm{A})\ (方向：b{\to}d)$$

例 2-17

電路如圖 2-31 所示，請以網目電流法求總電流 I 及 $I_{5\Omega}$。

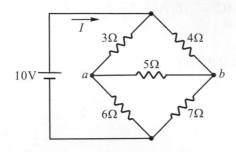

圖 2-31　例題 2-17 的電路

(1) 該電路有三個網目，分別設其電流為 I_1、I_2 及 I_3，且均以 CW 為正方向。

(2) 寫出各網目的克希荷夫電壓方程式：

$$10 - 3I_1 + 3I_3 - 6I_1 + 6I_2 = 0$$
$$-5I_2 + 5I_3 - 7I_2 - 6I_2 + 6I_1 = 0$$
$$-4I_3 - 5I_3 + 5I_2 - 3I_3 + 3I_1 = 0$$

(3) 解上述三聯立方程式，

得 $I_1 = 2.02\text{A}$

　　$I_2 = 0.92\text{A}$

　　$I_3 = 0.89\text{A}$

(4) 由電路可知：

$I = I_1 = 2.02\text{A}$

$I_{5\Omega} = I_2 - I_3 = 0.92 - 0.89 = 0.03(\text{A})$

(方向：$a \rightarrow b$)

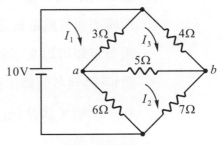

圖 2-32　設定三個網目的電流及方向

Check：

將圖 2-32 的上三角形電路化成 Y 型電路，如圖 2-33。

$$R_e = 1 + \left(\cfrac{1}{\cfrac{4}{29} + \cfrac{3}{26}} \right) = 4.948(\Omega)$$

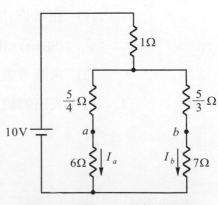

圖 2-33　圖 2-32 的等效電路

$$I = \frac{10}{4.948} = 2.02(\text{A}) = I_1$$

$$I_a = \frac{\dfrac{26}{3}}{\dfrac{29}{4} + \dfrac{26}{3}} \times 2.02 = 1.10(\text{A}) = I_1 - I_2$$

$$I_b = 2.02 - 1.10 = 0.92(\text{A}) = I_2$$

$$I_{5\Omega} = \frac{V_{ab}}{5\Omega} = \frac{(1.10 \times 6) - (0.92 \times 7)}{5} = \frac{6.60 - 6.44}{5} = 0.03(\text{A}) \ (方向為 \ a \rightarrow b)$$

三、重疊定理法(特別針對多電源之電路)

(一) 重疊定理(Law of superposition)：

$$f(I_1) + f(I_2) + ... + f(I_n) = f(I_1 + I_2 + ... I_n)$$

其中

f對物理模型而言為一系統，對數學模型而言為一函數；I對物理模型而言為系統之輸入信號，對數學模型而言為函數之自變數；$f(I)$對物理模型而言為系統之輸出信號，對數學模型而言為函數之應變數。

重疊定理可以文字敘述為：「分別對一系統(函數)給予多次輸入(自變數)所得到多個輸出(應變數)的和，若會等於將此多次輸入(自變數)的和一次給予該系統(函數)所得到的輸出(應變數)，則稱該系統(函數)符合重疊定理。」凡符合重疊定理者若且唯若($\Leftrightarrow$)是線性系統。

(二) 步驟：

1. 分別單獨考慮多個電源中之一個電源的作用。

    (1) 在考慮中的電源以外，若有其他電源，是電壓源就短路(Short)，電流源就開路(Open)。(i.e.使其他電源之作用均為零)

    (2) 求該考慮中的電源於剩下的電路中對待求支路的作用。

2. 待求支路的總電壓或總電流即為各單一電源作用下之向量和。

例 2-18

電路如圖 2-34 所示，求電流 I。

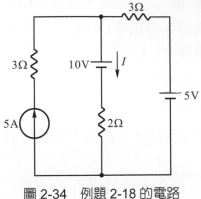

圖 2-34　例題 2-18 的電路

(1) 求 5V 的作用(將 5A Open，10V Short)

$$I_{5V} = \frac{5}{3+2} = 1(A)$$

(2) 求 10V 的作用(將 5A Open，5V Short)

$$I_{10V} = \frac{-10}{3+2} = -2(A)\ (以圖中電流 I 的方向為正方向)$$

(3) 求 5A 的作用(將 10V 與 5V 均 Short)

$$I_{5A} = 5 \times \frac{3}{3+2} = 3(A)$$

(4) $I = I_{5V} + I_{10V} + I_{5A} = 1 + (-2) + 3 = 2(A)$

四、戴維寧定理法

(一) 戴維寧定理(Thevenin's theorem)：由一複雜電路中之任兩端看入該網路(這兩端之間即為待求支路，可以是一個元件或一塊小電路)，均可將該電路化簡成一電壓源(V_{Th}，戴維寧等效電壓)串聯一電阻(R_{Th}，戴維寧等效電阻)之等效電路。

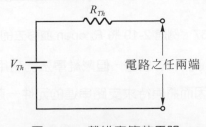

圖 2-35　戴維寧等效電路

(二) 步驟：

1. 將待求的支路 Open 並移去。

2. 將剩餘電路中之電壓源短路(Short)，電流源開路(Open)後(i.e.使所有的電源作用為零)，由移去支路兩端看入求等效電阻，此等效電阻即為 R_{Th}。

3. 分別求各電源對此 Open 支路兩端點所產生電壓的向量和(根據重疊定理)，此電壓的向量和即為 V_{Th}。

4. 畫出戴維寧電路，並將移去支路接回。

例 2-19

電路如圖 2-36 所示，請以戴維寧法求 R_4 的電流。

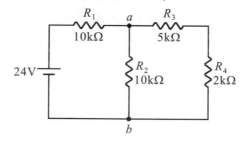

圖 2-36　例題 2-19 的電路

解

(1) 將 R_4 Open 並移去(此時 R_3 成懸空狀無電流流過，故可視為亦一併被 Open 了！)

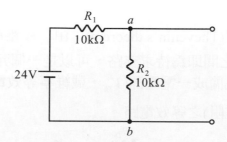

圖 2-37　例題 2-19 將 R_4 open 並移去的電路

Note：可僅移去 R_4 而將 R_3 留著，但戴維寧法的功用是在化簡，故將原電路化得越簡越好，因而將與待求支路串連的元件一起移去。

(2) 將 24V 電壓源短路後，求 R_{Th} (由移去支路兩端看入)。

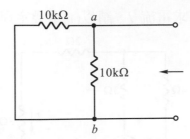

圖 2-38 例題 2-19 將 24V 電壓源短路後的電路

$$R_{Th} = \frac{1}{\dfrac{1}{10\text{k}} + \dfrac{1}{10\text{k}}} = 5\text{k}(\Omega)$$

Note：此時移去支路為 R_4 與 R_3，故此處求得的 R_{Th} 係對 R_4 與 R_3 所求得的戴維寧等效電阻。

(3) 求 24V 電源對 a、b 兩端的電壓(圖 2-37)即為 V_{Th}。

$$V_{ab} = \frac{10\text{k}}{10\text{k} + 10\text{k}} \times 24 = 12(\text{V}) = V_{Th}$$

(4) 繪出戴維寧電路，並將移去支路接回。

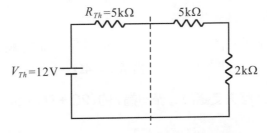

圖 2-39 例題 2-19 的戴維寧等效電路

Note：可見 $2\text{k}\Omega$ 的戴維寧等效電阻為 $5\text{k}\Omega + 5\text{k}\Omega = 10\text{k}\Omega$。

(5) 求 I_{R_4}

$$I_{R_4} = \frac{12\text{V}}{5\text{k}\Omega + 5\text{k}\Omega + 2\text{k}\Omega} = 1\text{mA}$$

例 2-20

電路如圖 2-40 所示，求電流 I，請以(1)重疊定理法，(2)戴維寧法。

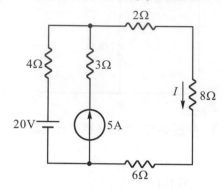

圖 2-40　例題 2-20 的電路

解

(1) 重疊定理法

    ① 求 20V 的作用(5A Open)

$$I_{20V} = \frac{20}{4+2+8+6} = 1(A)(方向：由上至下)$$

    ② 求 5A 的作用(20V Short)

$$I_{5A} = 5 \times \frac{4}{4+(2+8+6)} = 1(A)(方向：由上至下)$$

    ③ $I = I_{20V} + I_{5A} = 1+1 = 2(A)(方向：由上至下)$

(2) 戴維寧法

    ① 依戴維寧法的步驟，將待求支路移去並將剩餘電路中之電壓源短路，電流源開路後，可得 $R_{Th} = 4\Omega$。

Note：此時移去支路為電流同為 I 的 $(2\Omega + 8\Omega + 6\Omega)$ 串聯電路。

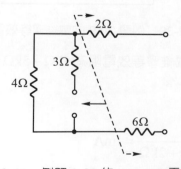

圖 2-41　例題 2-20 的 $R_{Th} = 4\Omega$ 電路

② 求 V_{Th}

(a) 求 20V 的作用

$V_{Th, 20V} = 20V$

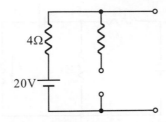

圖 2-42 例題 2-20 的 $V_{Th, 20V}$ 電路

(b) 求 5A 的作用

$V_{Th, 5A} = 4 \times 5 = 20(V)$

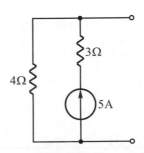

圖 2-43 例題 2-20 的 $V_{Th, 5A}$ 電路

Note：可見圖 2-43 中電流源的電壓為 $(5A \times 3\Omega) + (5A \times 4\Omega) = 35V$，下部為低電位，上部為高電位。

(c) $V_{Th} = V_{Th, 20V} + V_{Th, 5A} = 20 + 20 = 40(V)$

③ 繪出戴維寧電路，並將移去支路接回。

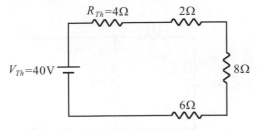

圖 2-44 例題 2-20 的戴維寧等效電路

④ 求 I

$I = \dfrac{40}{4 + 2 + 8 + 6} = 2(A)$（方向：由上至下）

例 2-21

電路如圖 2-45 所示，求電流 I，請以(1)戴維寧法，(2)網目電流法。

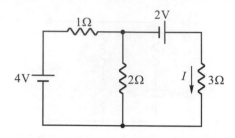

圖 2-45 　例題 2-21 的電路

(1) 戴維寧法

① 依戴維寧法的步驟，將待求支路移去(內含一 2V 電壓源)並將剩餘
   電路中之電壓源短路，電流源開路後，可得

$$R_{Th} = \frac{1}{\frac{1}{1} + \frac{1}{2}} = \frac{2}{3}(\Omega)$$

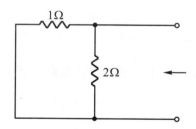

圖 2-46 　例題 2-21 的 R_{Th} 電路

② 求 V_{Th}

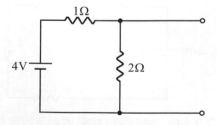

圖 2-47 　例題 2-21 的 V_{Th} 電路

$$V_{Th} = \frac{2}{2+1} \times 4 = \frac{8}{3}(V)$$

③ 繪出戴維寧電路，並將移去支路接回

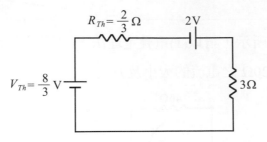

$R_{Th} = \dfrac{2}{3}\ \Omega$ 2V

$V_{Th} = \dfrac{8}{3}\ V$ 3Ω

圖 2-48 例題 2-21 的戴維寧等效電路

Note：可見 3Ω 的戴維寧等效電壓為 $2V + \dfrac{8}{3}V = 2\dfrac{8}{3}V$。

④ 求 I

$$I = \dfrac{\dfrac{8}{3} + 2}{\dfrac{2}{3} + 3} = \dfrac{14}{11} = 1\dfrac{3}{11}(A)$$

(2) 網目電流法

① 該電路有二個網目，設左邊網目電流為 I_1、右邊網目電流為 I_2，且均以 CW 為正方向。

② 寫出各網目的克希荷夫電壓方程式：

$4 - I_1 - 2I_1 + 2I_2 = 0$

$2 - 3I_2 - 2I_2 + 2I_1 = 0$

③ 解上述二聯立方程式，得 $I_1 = \dfrac{24}{11}A$ ，$I_2 = \dfrac{14}{11}A$

④ 由電路可知：

$I = I_2 = \dfrac{14}{11}A = 1\dfrac{3}{11}A$

例 2-22

電路如圖 2-49 所示，請以(1)重疊定理法，(2)網目電流法，(3)戴維寧法，求流過 40Ω，60Ω 及 20Ω 之電流的大小及方向。

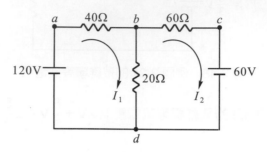

圖 2-49　例題 2-22 的電路

 (1) 重疊定理法

　　① 求 120V 的作用

$$R_e = 40 + \frac{20 \times 60}{20 + 60} = 55(\Omega)$$

$$I = \frac{120}{55} = \frac{24}{11}(A)$$

$$I_{40\Omega, 120V} = \frac{24}{11} A \,(方向為 \, a \to b)$$

$$I_{20\Omega, 120V} = \frac{60}{20 + 60} \times \frac{24}{11} = \frac{18}{11}(A) \,(方向為 \, b \to d)$$

$$I_{60\Omega, 120V} = \frac{24}{11} - \frac{18}{11} = \frac{6}{11}(A) \,(方向為 \, b \to c)$$

　　② 求 60V 的作用

$$R_e = 60 + \frac{20 \times 40}{20 + 40} = \frac{220}{3}(\Omega)$$

$$I = \frac{60}{\dfrac{220}{3}} = \frac{9}{11}(A)$$

$$I_{60\Omega, 60V} = \frac{9}{11} A \,(方向為 \, c \to b)$$

$$I_{20\Omega, 60V} = \frac{40}{20 + 40} \times \frac{9}{11} = \frac{6}{11}(A) \,(方向為 \, b \to d)$$

$$I_{40\Omega, 60V} = \frac{9}{11} - \frac{6}{11} = \frac{3}{11}(A) \,(方向為 \, b \to a)$$

③ 兩電源同時作用

$$I_{40\Omega} = I_{40\Omega,120V} - I_{40\Omega,60V} = \frac{24}{11} - \frac{3}{11} = \frac{21}{11} = 1\frac{10}{11}(A)(方向為\ a{\to}b)$$

$$I_{20\Omega} = I_{20\Omega,120V} + I_{20\Omega,60V} = \frac{18}{11} + \frac{6}{11} = \frac{24}{11} = 2\frac{2}{11}(A)(方向為\ b{\to}d)$$

$$I_{60\Omega} = I_{60\Omega,60V} - I_{60\Omega,120V} = \frac{9}{11} - \frac{6}{11} = \frac{3}{11}(A)(方向為\ c{\to}b)$$

(2) 網目電流法

① 該電路有二個網目，設左邊網目電流為 I_1、右邊網目電流為 I_2，且均以 CW 為正方向。

② 寫出各網目的克希荷夫電壓方程式：

$$120 - 40I_1 - 20I_1 + 20I_2 = 0$$
$$-60I_2 - 60 - 20I_2 + 20I_1 = 0$$

③ 解上述二聯立方程式，得 $I_1 = \frac{21}{11}A$，$I_2 = -\frac{3}{11}A$

④ 由電路可知：

$$I_{40\Omega} = I_1 = \frac{21}{11} = 1\frac{10}{11}A(方向為\ a{\to}b)$$

$$I_{60\Omega} = I_2 = \frac{3}{11}A(方向為\ c{\to}b)$$

$$I_{20\Omega} = I_1 - I_2 = \frac{21}{11} - \left(-\frac{3}{11}\right) = \frac{24}{11} = 2\frac{2}{11}(A)(方向為\ b{\to}d)$$

(3) 戴維寧法

① 40Ω

$$R_{Th} = \frac{20 \times 60}{20 + 60} = 15(\Omega)$$

$$V_{Th} = \frac{20}{20 + 60} \times 60 = 15(V)$$

$$I_{40\Omega} = \frac{120 - 15}{15 + 40} = \frac{21}{11} = 1\frac{10}{11}(A)(方向為\ a{\to}b)$$

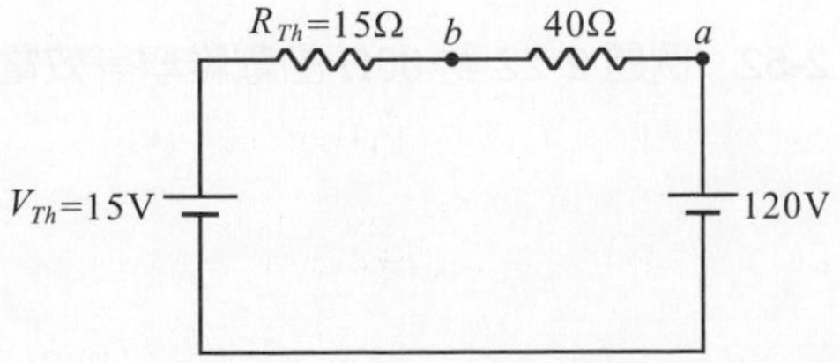

圖 2-50　例題 2-22 對 40Ω 的戴維寧等效電路

② 20Ω

$$R_{Th} = \frac{40 \times 60}{40 + 60} = 24(\Omega)$$

$$V_{Th,120V} = \frac{60}{40 + 60} \times 120 = 72(V)$$

$$V_{Th,60V} = \frac{40}{40 + 60} \times 60 = 24(V)$$

$$V_{Th} = V_{Th,60V} + V_{Th,120V} = 24 + 72 = 96(V)$$

$$I_{20\Omega} = \frac{96}{20 + 24} = \frac{24}{11} = 2\frac{2}{11}(A) \,(方向為\, b \to d)$$

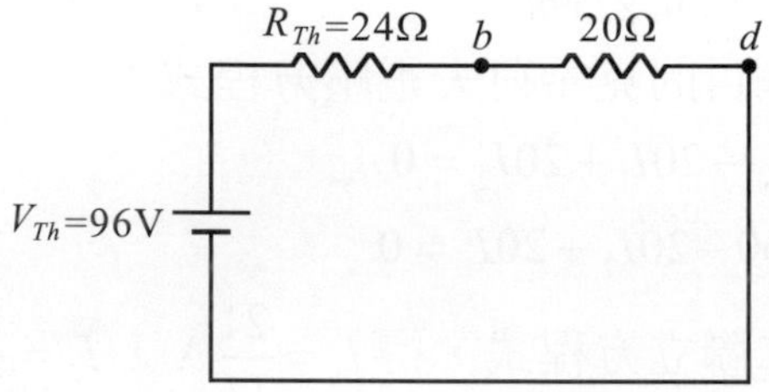

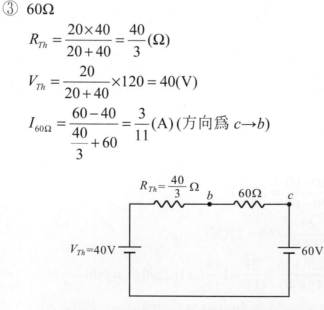

圖 2-51　例題 2-22 對 20Ω 的戴維寧等效電路

③ 60Ω

$$R_{Th} = \frac{20 \times 40}{20 + 40} = \frac{40}{3}(\Omega)$$

$$V_{Th} = \frac{20}{20 + 40} \times 120 = 40(V)$$

$$I_{60\Omega} = \frac{60 - 40}{\frac{40}{3} + 60} = \frac{3}{11}(A) \,(方向為\, c \to b)$$

圖 2-52　例題 2-22 對 60Ω 的戴維寧等效電路

五、諾頓定理法

(一) 諾頓定理(Norton's theorom)：由一複雜電路中之任兩端看入該網路(這兩端之間即為待求支路，可以是一個元件或一塊小電路)，均可將該網路化簡成一電流源(I_N，諾頓等效電流)並聯一電阻(R_N，諾頓等效電阻)之等效電路。

圖 2-53　諾頓等效電路

(二) 步驟

1. 將待求支路 Open 並移去。

2. 將剩餘電路中之電壓源短路(Short)，電流源開路(Open)後，由移去支路兩端看入求等效電阻，此等效電阻即為 R_N。

3. 將待求支路短路(Short)，再分別求各電源對此 Short 支路兩端點所產生電流向量和，此電流向量和即為 I_N。

4. 畫出諾頓等效電路並將移去支路接回。

例 2-23

電路如圖 2-54 所示，請以諾頓法求 a、b 間的電流。

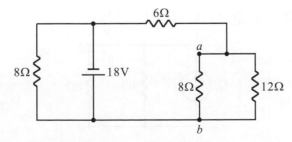

圖 2-54　例題 2-23 的電路

(1) 將 a、b 間的電阻 Open 並移去。

(2) 將剩餘電路中之電壓源(18V)短路，由移去支路兩端看入求等效電阻 R_N：

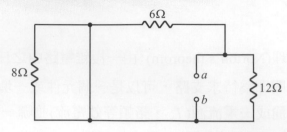

圖 2-55　例題 2-23 求等效電阻 R_N 的電路

$$R_N = \frac{1}{\frac{1}{6} + \frac{1}{12}} = 4(\Omega)$$

(a 為頭、b 為地，8Ω 被 Bypass)

(3) 將 a、b 間短路，再求 18V 電壓源對 a、b 間所產生電流 I_N：

$$I_N = \frac{18}{6} = 3(A)$$

(方向為 $b \to a$，12Ω 被 Bypass)

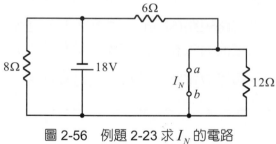

圖 2-56　例題 2-23 求 I_N 的電路

(4) 畫出諾頓等效電路並將移去支路接回。

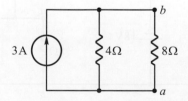

圖 2-57　例題 2-23 的諾頓等效電路

(5) 由諾頓等效電路可得

$$I_{ab} = 3 \times \frac{4}{4+8} = 1(A)(方向為 b \to a)$$

六、網路中有電流源時的討論

(一) 此時網目電流法較不適用，因為網目電流法係以克希荷夫電壓定律為基礎。又因電流源的電壓並非定值(如同電壓源之電流並非定值，係隨負載而改變)，故建立各個網目之克希荷夫電壓方程式後，會因電流源的電壓為變數而少了一個方程式以致無法求解。

(二) 解法以節點電流法(就是分支電流法)、重疊定理法或戴維寧法較為適宜。

(三) 電流源與電壓源的互換有助解決此類問題。

電路中 X、Y 間之一電流源(A)並聯一電阻(R)可與一電壓源(AR)串聯一電阻(R)互換。

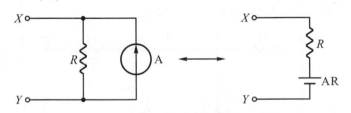

圖 2-58　電流源與電壓源的互換

例 2-24

電路如圖 2-59 所示，請以節點電流法求電流 I。

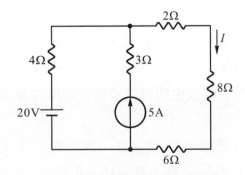

圖 2-59　例題 2-24 的電路

(1) 設左邊網目之電流為 I_1、右邊網目之電流為 I，且兩者之正方向均為 CW。

(2) 於 3Ω 上方之點，克希荷夫電流方程式：

$I_1 + 5 = I$ ....(1)

(3) 設電流源(5A)之電壓為 V，由其電流流出方向可知上端為高電位、下端為低電位。

(4) 於左邊網目中，克希荷夫電壓方程式：

$20 - 4I_1 + 15 - V = 0$ ....(2)

於右邊網目中，克希荷夫電壓方程式：

$-2I - 8I - 6I + V - 15 = 0$ ....(3)

(5) 解(1)(2)(3)聯立方程式，得 $I_1 = -3A$，$I = 2A$，$V = 47V$。

例 2-25

電路如圖 2-60 所示，求電流 I_1、I_2 及 I_3。

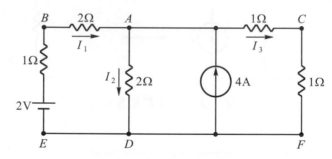

圖 2-60　例題 2-25 的電路

(1) 以節點電流法

① 先建立一節點電流方程式，於 A 點：

$I_1 = I_2 + (I_3 - 4)$ ....(1)

② 其餘所需方程式由網目克希荷夫電壓方程式提供，但選擇避開電流源。

於 $EBAD$ 迴路：$2 - 1I_1 - 2I_1 - 2I_2 = 0$ ....(2)

於 $DACF$ 迴路：$2I_2 - 1I_3 - 1I_3 = 0$ ....(3)

③ 解(1)(2)(3)聯立方程式，得 $I_1 = -0.5A$，$I_2 = 1.75A$，$I_3 = 1.75A$。

Note：比較：若不設 A 點的電流方程式，改寫 $EBCF$ 迴路的電壓方程式，
亦即：$2 - 1I_1 - 2I_1 - 1I_3 - 1I_3 = 0$ 與上述(2)、(3)迴路電壓方程式聯立，
是否也可得到答案？

(2) 以電流源與電壓源的互換法

① 依互換法則將原電路轉換爲如下電路：

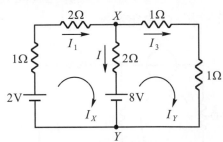

圖 2-61　例題 2-25 將電流源轉換成電壓源後的電路

② 此時可應用網目電流法，寫出左右兩網目的電壓方程式：

$$2 - 1I_X - 2I_X - 2I_X + 2I_Y - 8 = 0$$

$$8 - 2I_Y + 2I_X - 1I_Y - 1I_Y = 0$$

③ 解上二聯立方程式，得 $I_X = -0.5\text{A}$ ， $I_Y = 1.75\text{A}$ 。

④ 由電路可得

$$I_1 = I_X = -0.5\text{A}$$

$$I_3 = I_Y = 1.75\text{A}$$

$$I = I_Y - I_X = 1.75 - (-0.5) = 2.25(\text{A}) (方向爲 Y{\to}X)$$

⑤ 但 I 並不等於原來之 I_2，I 係轉換後電壓源之電流，故需將該電壓源再轉換回原來的電流源。

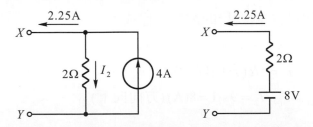

圖 2-62　例題 2-25 將電壓源再轉換回原來的電流源

⑥ 有 2.25A 由電壓源之 X 端流出，故於電流源中

$$2.25\text{A} + I_2 = 4\text{A} \implies I_2 = 4 - 2.25 = 1.75(\text{A})$$

2-42 電機學

 例 2-26

電路如圖 2-63 所示,求 6Ω 之電流。

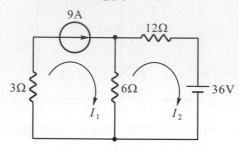

圖 2-63　例題 2-26 的電路

 (1) 以重疊定理法

　　① 求 9A 電流源的作用

$$I_{6\Omega,9A} = \frac{12}{6+12} \times 9 = 6(A)$$

　　② 求 36V 電壓源的作用

$$I_{6\Omega,36V} = \frac{36}{6+12} = 2(A)$$

　　③ $I_{6\Omega} = I_{6\Omega,9A} + I_{6\Omega,36V} = 6 + 2 = 8(A)$ (方向向下)

(2) 以網目電流法

　　① 寫出左右兩網目的電壓方程式:

　　　$I_1 = 9\,A$,　$-6I_2 - 12I_2 - 36 + 6I_1 = 0$

　　② 解得 $I_2 = 1A$ (方向向上)

　　③ $I_{6\Omega} = I_1 - I_2 = 9 - 1 = 8(A)$ (方向向下)

2.9　最大功率移轉定理
(Maximum Power Transfer Theorem)

一、理想狀況下,視電源內阻為零,故電源之功率可全部移轉至負載。

二、但實際情形為電源有內阻存在,故電源之功率有部分為內阻所消耗,其餘才傳至負載。

三、當負載電阻值等於電源內阻值時，負載
可得到最大移轉功率。

如圖 2-64，設 R_S 為電源內阻、R_L 為負
載電阻、V_S 為電源電壓，則電流

$I = \dfrac{V_S}{R_S + R_L}$ 。

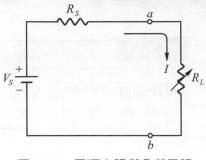

圖 2-64　電源內阻與負載電阻

負載的功率 $P_{R_L} = I^2 R_L = \dfrac{V_s^2}{\left(R_S + R_L\right)^2} \times R_L$

欲求以負載 R_L 為變數時負載的功率 P_{R_L} 的最大值則令 $\dfrac{dP_{R_L}}{dR_L} = 0$

$$\frac{dP_{R_L}}{dR_L} = \frac{d}{dR_L}\left[\left(\frac{V_S^2}{\left(R_S + R_L\right)^2} \times R_L\right)\right] = 0$$

$$\Rightarrow V_S^2\left[\frac{\left(R_S + R_L\right)^2 - R_L(2)\left(R_S + R_L\right)}{\left(R_S + R_L\right)^4}\right] = 0$$

$$\Rightarrow R_S^2 + 2R_S R_L + R_L^2 - 2R_S R_L - 2R_L^2 = 0$$

$$\Rightarrow R_L = R_S$$

將 $R_L = R_S$ 代入負載的功率 P_{R_L} 可得最大功率 $P_{\max}$

$$P_{\max} = \frac{V_S^2}{\left(R_S + R_S\right)^2} \times R_S = \frac{V_S^2}{4R_S}$$

四、電源之內阻值(R_S)以及電源電壓值(V_S)分別可以由負載看入該電路之戴維
寧等效電阻值及等效電壓值來替代。所以 $P_{\max} = \dfrac{V_{Th}^2}{4R_{Th}}$ 。

Note：圖 2-64 即為針對負載所做出之戴維寧等效電路。

例 2-27

電路如圖 2-65 所示,求可使 R_L 得到最大功率的電阻值以及該功率。

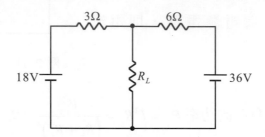

圖 2-65 例題 2-27 的電路

解

(1) $R_L = R_{Th} = \dfrac{1}{\dfrac{1}{3} + \dfrac{1}{6}} = 2(\Omega)$, $V_{Th} = \left(\dfrac{3}{3+6} \times 36\right) + \left(\dfrac{6}{3+6} \times 18\right) = 24(V)$

(2) $P_{max} = \dfrac{V_{Th}^2}{4R_{Th}} = \dfrac{24^2}{4 \times 2} = 72(W)$

例 2-28

電路如圖 2-66 所示,求 R_L 分別等於 1Ω、2Ω、3Ω、4Ω、5Ω、6Ω 時 R_L 之電流及其消耗功率。

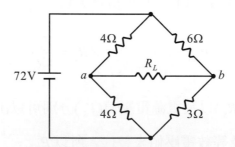

圖 2-66 例題 2-28 的電路

解

(1) $R_{Th} = \left(\dfrac{4 \times 4}{4+4}\right) + \left(\dfrac{6 \times 3}{6+3}\right) = 4(\Omega)$

$V_{Th} = \left(\dfrac{4}{4+4} \times 72\right) - \left(\dfrac{3}{3+6} \times 72\right) = 12(V)$

圖 2-67 例題 2-28 的戴維寧等效電路

(2)　$R_L = 1\Omega$，$I = \dfrac{12}{4+1} = 2.4\text{(A)}$，$P = (2.4)^2 \times 1 = 5.76\text{(W)}$

$\qquad R_L = 2\Omega$，$I = \dfrac{12}{4+2} = 2\text{(A)}$，$P = (2)^2 \times 2 = 8\text{(W)}$

$\qquad R_L = 3\Omega$，$I = \dfrac{12}{4+3} = 1.72\text{(A)}$，$P = (1.72)^2 \times 3 = 8.87\text{(W)}$

$\qquad R_L = 4\Omega$，$I = \dfrac{12}{4+4} = 1.5\text{(A)}$，$P = (1.5)^2 \times 4 = 9\text{(W)}$

$\qquad R_L = 5\Omega$，$I = \dfrac{12}{4+5} = 1.33\text{(A)}$，$P = (1.33)^2 \times 5 = 8.85\text{(W)}$

$\qquad R_L = 6\Omega$，$I = \dfrac{12}{4+6} = 1.2\text{(A)}$，$P = (1.2)^2 \times 6 = 8.64\text{(W)}$

(3)　比較：

$$P_{\max} = \frac{V_{Th}^{\,2}}{4R_{Th}} = \frac{12^2}{4 \times 4} = 9\text{(W)}$$

例 2-29

電路如圖 2-68 所示，求可使 R 得到最大功率的電阻值以及該功率。

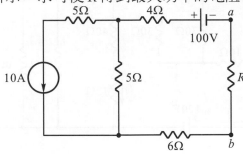

圖 2-68　例題 2-29 的電路

解　圖 2-68 之戴維寧等效電路如圖 2-69。

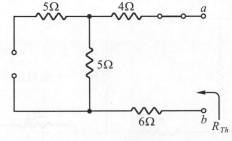
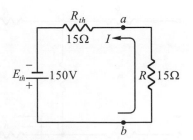

圖 2-69　圖 2-68 之戴維寧等效電路

(1)　$R_L = R_{Th} = 4 + 5 + 6 = 15(\Omega)$，$V_{Th} = (-100) + (-10 \times 5) = -150\text{(V)}$（$b$ 高 a 低）

(2)　$P_{\max} = \dfrac{V_{Th}^{\,2}}{4R_{Th}} = \dfrac{150^2}{4 \times 15} = 375\text{(W)}$

1. 請繪圖並證明：並聯電路之等效總電阻為其各並聯支路電阻倒數的和的倒數。

2. 請繪圖並證明：串聯電路之等效總電阻為其各串聯電阻的和。

3. 電路如圖(1)，求(1)總電阻，(2)I_1，(3)I_2。

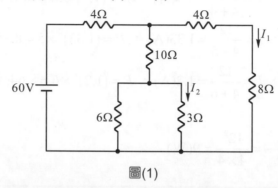

圖(1)

4. 電路如圖(2)，求(1)總電阻，(2)I，(3)I_1，(4)I_2。

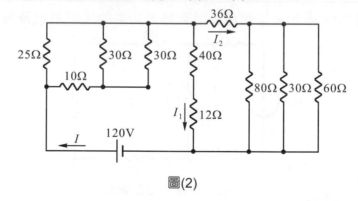

圖(2)

5. 電路如圖(3)。若 $R = 10\Omega$，求總電阻 R_i。

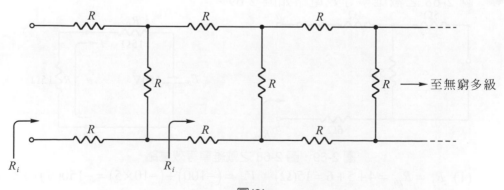

圖(3)

6. 電路如圖(4)，求 R_{ab}。

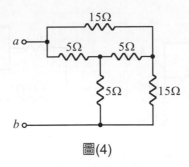

圖(4)

7. 一立體式電阻網路如圖(5)，設該網路每邊之電阻值皆為 6Ω，求 A、B 間之等效電阻。

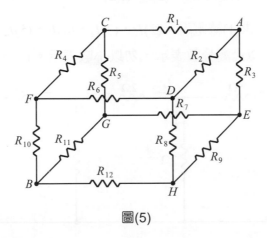

圖(5)

8. 電路如圖(6)，求 R_{ab}。

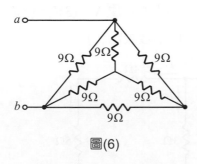

圖(6)

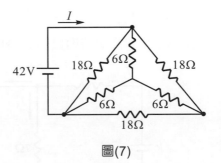

圖(7)

9. 電路如圖(7)，求(1)總電阻，(2)I。

10.電路如圖(8),求(1)總電阻,(2)I。

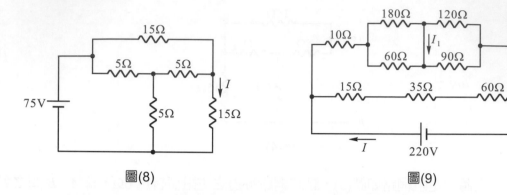

圖(8)　　　　　　　　圖(9)

11.電路如圖(9),求(1)總電阻,(2)I,(3)I_1。

12.電路如圖(10),求(1)總電阻,(2)I_1,(3)I_2,(4)I_3,(5)I_4,(6)I_5,(7)I_6。
(以上答案請均以最簡分數表示,勿以小數表示。)

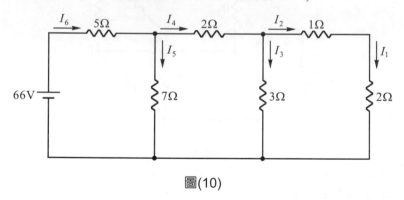

圖(10)

13.電路如圖(11),已知 $I_1=1A$,求(1)總電阻,(2)電源電壓 V,(3)I_3,(4)I_4,(5)I_5,
(6)I_6。(以上答案請均以最簡分數表示,勿以小數表示。)

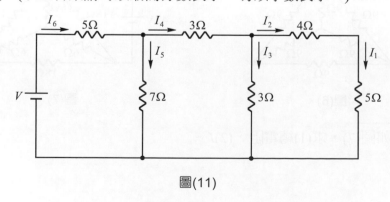

圖(11)

14.電路如圖(12)，求(1)總電阻，(2)I_1，(3)I_2，(4)I_3。

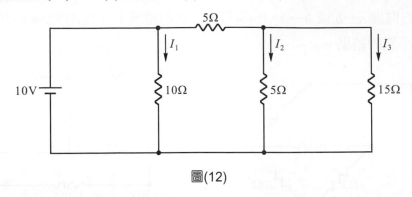

圖(12)

15.電路如圖(13)。請以(1)重疊定理法，(2)戴維寧法，求(1)I_1(需註明電流的方向為 $a{\to}b$ 或 $b{\to}a$)，(2)I_2。(以上答案請均以最簡分數表示，勿以小數表示。)

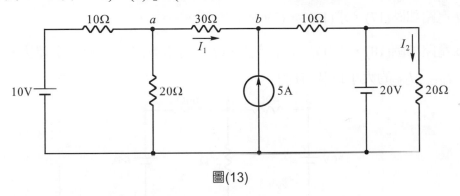

圖(13)

16.電路如圖(14)，對 29Ω 電阻求：

(1)繪出戴維寧等效電路，並標註各元件值，

(2)電流值，並需註明其方向為 $a{\to}b$ 或 $b{\to}a$，(3)消耗的功率。

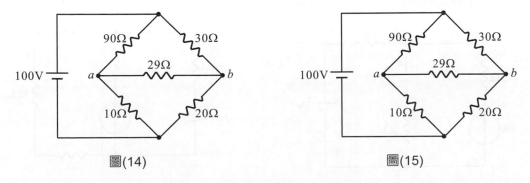

圖(14)   圖(15)

17.電路如圖(15)，請以網目電流法對 29Ω 電阻求：

(1)電流值，並需註明其方向為 $a{\to}b$ 或 $b{\to}a$，(2)消耗的功率。

18. 電路如圖(16)。(1)請以網目電流法求：(a)29Ω 電阻的電流值 $I_{29\Omega}$，並需註明其方向為 $a \rightarrow b$ 或 $b \rightarrow a$，(b)電源流出之總電流 I；(2)請以 $\Delta \rightarrow Y$ 的方法驗證第(1)小題的結果。

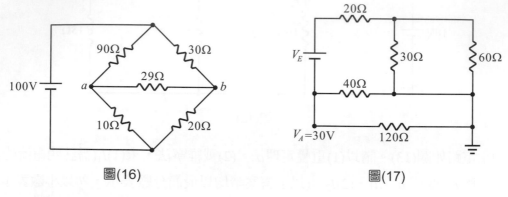

圖(16)   圖(17)

19. 電路如圖(17)，求(1)V_E，(2)60Ω的功率。

20. 電路如圖(18)，以(1)分支電流法，(2)網目電流法，(3)重疊定理法，求 $I_{60\Omega}$，$I_{40\Omega}$，$I_{20\Omega}$的大小以及方向。

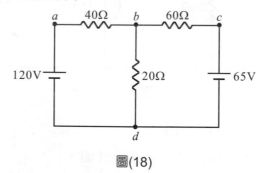

圖(18)

21. 電路如圖(19)，請以(1)重疊定理法，(2)戴維寧法，求 I。

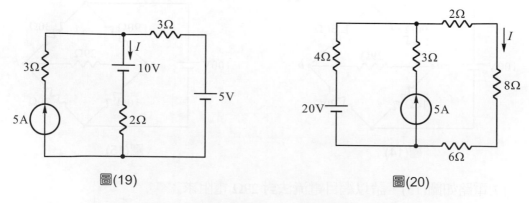

圖(19)   圖(20)

22. 電路如圖(20)，請以(1)重疊定理法，(2)戴維寧法，求 I。

23.電路如圖(21)。請以(1)網目電流法，(2)戴維寧法，(3)重疊定理法，求 I。

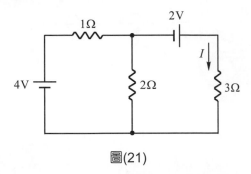

圖(21)

24.電路如圖(22)，欲使 R 由 100V 電源得到最大功率，求(1)R 的歐姆值，(2)此最大功率值。

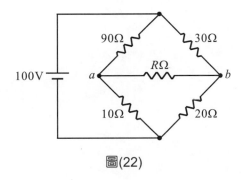

圖(22)

Chapter 3

磁的基本概念

一、**單位磁極強度(emu)**：爲一理想單位磁極(磁核)之強度。

二、**磁力線(ϕ)**

(一) 假想的線，用以表示磁場的分布及大小。

(二) 有方向性(由 N 極出發，經介質至 S 極，再由磁材內部回到 N 極)的封閉曲線。

(三) 彼此不相交，相互排斥且具伸縮性。

(四) 進入或離開磁極均與磁材垂直。

(五) 其上某點之切線方向即爲該點磁場的方向。

(六) 同一磁材以兩極之磁力線密度最高。

(七) 磁力線的總數即爲該磁場之磁通量(Flux)，符號爲「ϕ」。

    1.   在 CGS 制中的單位爲「馬克斯威爾(Maxwell)」，簡稱爲「馬(Max)」，或「線(Line)」。

    2.   在 MKS 制中的單位爲「韋伯(Weber)」，簡稱爲「韋(Wb)」。

    3.   1 韋伯的定義：一單匝線圈的磁通量在一秒鐘(sec)內降爲零時，可使該線圈感應出 1 伏特(V)之電動勢，則此線圈之磁通量(V-sec)的大小爲 1 韋伯。

    4. $1\,\text{Wb} = 10^8 \text{Max} = 10^8 \text{Line}$。

(八) 磁力線總數可用來表示磁極強度。($1\text{emu} = 4\pi\,\text{Max}$)

三、磁動勢(magnetic motivation force, mmf)

(一) 驅使磁通穿過磁路的能力,其大小為線圈的匝數(Turn)與其上電流 (Ampere)的相乘積,符號為「F」。

$$F = N \times I$$

(二) 在 MKS 制與英制中的單位均為「安匝(AT)」,在 CGS 制中的單位為 「吉柏特(gilbert)」。

(三) $1\ \text{AT} = 0.4\pi\ \text{gilbert} = 1.257\ \text{gilbert}$。

四、磁場強度(H)

(一) 又稱磁化力。

(二) 一強度為 M 之磁極置於空間中(該空間之導磁係數為 μ),會向四面八 方產生一磁場,距 M 為 r 處之 P 點,其受到之磁場強度與 M 成正比、 與 r^2 成反比。

$$H = \frac{1}{\mu} \times \frac{M}{r^2}$$

(三) 單位為「奧斯特(Oersted)」,簡稱為「奧(Oe)」。

$$H = \frac{I \times N}{l} = \frac{F}{l} \ \Rightarrow F = H \times l$$

$$1\text{奧(Oe)} = 1\frac{\text{安培(A)} \times \text{匝數(T)}}{\text{公尺(m)}}$$

(四) H 的方向為磁場 N 極作用的方向。

例 3-1

　　一裝置如圖 3-1，該 O 形環的平均環長為 20 公分，若其內介質為空氣，求環內之磁場強度？

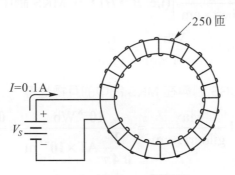

圖 3-1　例題 3-1 的裝置

解 $H = \dfrac{NI}{l} = \dfrac{250 \times 0.1}{0.2} = 125(\dfrac{安匝}{米}) = 125(\text{Oe})$

五、磁通密度(B)

(一) 單位面積內磁力線的數目，$B = \dfrac{\phi}{A}$。

(二) 在 CGS 制中的單位為「高斯(Gauss)」，$\text{Gauss} = \dfrac{\text{Max}}{\text{cm}^2} = \dfrac{\text{Line}}{\text{cm}^2}$。

(三) 在 MKS 制中的單位為「特斯拉(Tesla)」，$\text{Tesla} = \dfrac{\text{Wb}}{\text{m}^2} = 10^4 \text{Gauss}$。

(四) 在英制中的單位為 $\dfrac{\text{Line}}{\text{in}^2}$。

六、導磁係數(Permeability，μ)

(一) 一介質中磁通密度與磁場強度之比值，指該介質的導磁能力。

(二) $\mu = \dfrac{B}{H}$

　　1.　在 CGS 制中的單位：$\mu = \dfrac{B}{H} = \dfrac{\dfrac{\text{Max}}{\text{cm}^2}}{\dfrac{\text{gilbert}}{\text{cm}}} = \dfrac{\text{Max}}{\text{gilbert} \times \text{cm}}$。

　　2.　在 MKS 制中的單位：$\mu = \dfrac{B}{H} = \dfrac{\dfrac{\text{Wb}}{\text{m}^2}}{\dfrac{\text{A} \times \text{T}}{\text{m}}} = \dfrac{\text{Wb}}{\text{A} \times \text{T} \times \text{m}}$。

3. 由 $B = \mu H$ 可知，在相同磁化力(H)作用下，若介質之導磁係數越大則可得越高之磁通密度(B)。

(三) 空氣及真空中(自由空間)中的導磁係數記為 μ_0，在 CGS 制中

$$\mu_0 = 1 \left(\frac{\text{Max}}{\text{gilbert} \times \text{cm}} \right) (\text{i.e. } B = H) \text{，在 MKS 制中}$$

$$\mu_0 = 4\pi \times 10^{-7} \left(\frac{\text{Wb}}{\text{A} \times \text{T} \times \text{m}} = \frac{H}{\text{T} \times \text{m}}, H : \text{Henry} \right) \text{。}$$

【Note： μ_0 在 CGS 制與在 MKS 制中的互換推導

$$\mu_{0,\text{CGS}} = 1 \frac{\text{Max}}{\text{gilbert} \times \text{cm}} = \frac{10^{-8}\,\text{Wb}}{\frac{1}{0.4\pi}\,\text{AT} \times 10^{-2}\,\text{m}} = \frac{0.4\pi \times 10^{-8} \times 10^{2}\,\text{Wb}}{\text{ATm}}$$

$$= 4\pi \times 10^{-7} \frac{\text{Wb}}{\text{ATm}} = \mu_{0,\text{MKS}}$$

】

七、相對導磁係數(Relative permeability， μ_r)

(一) 指介質的導磁係數與空氣(或真空)導磁係數之比值。

(二) $\mu_r = \dfrac{\mu}{\mu_0}$

八、一強度為 m emu 之磁極所產生磁力線總數為 $4\pi m$ (與介質無關)

【Proof】：

$\because H = \dfrac{1}{\mu} \times \dfrac{m}{r^2}$ ，且 $B = \mu \times H$

$\therefore B = \mu \times \left(\dfrac{1}{\mu} \times \dfrac{m}{r^2} \right) = \dfrac{m}{r^2}$

又 $\because B = \dfrac{\phi}{A}$ ，

$\therefore \phi = A \times B = A \times \dfrac{m}{r^2} = 4\pi r^2 \times \dfrac{m}{r^2} = 4\pi m$

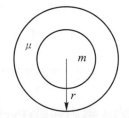

圖 3-2　磁極所產生磁力線總數

Note：一半徑為 r 之球面積為 $4\pi r^2$ 。

九、庫侖磁力定律

(一) 於強度為 M 之磁極所產生之磁場中，距 M 為 r 處另置一強度為 m 之磁極，則 m 會受一磁力 f 作用，且定義排斥為 f 之正方向，相吸為負方向。

(二) $f = k \times \left(\dfrac{1}{\mu} \times \dfrac{M}{r^2} \right) \times m = k \times H \times m$，其中 k 為比例常數。

(三) 磁力 f 的單位

    1.　在 CGS 制中的單位為「達因(dyne)」，$f(\text{dyne}) = \dfrac{1}{\mu_{CGS}} \times \dfrac{M}{r^2} \times m$ 。

        其中 M 及 m 的單位為 emu，比例常數 $k = 1$，

        $\mu_{CGS} = 1 \left(\dfrac{\text{Max}}{\text{gilbert} \times \text{cm}} \right)$(free space)。

    2.　在 MKS 制中的單位為「牛頓(Newton)」，

        $f(\text{Newton}) = \dfrac{1}{4\pi\mu_{MKS}} \times \dfrac{M}{r^2} \times m$ 。其中 M 及 m 的單位為 Wb，比例

        常數 $k = \dfrac{1}{4\pi}$ ，$\mu_{MKS} = 4\pi \times 10^{-7} \left(\dfrac{\text{Wb}}{\text{A} \times \text{T} \times \text{m}} \right)$(free space)。

    3.　因次分析

        (1)　$\text{Newton} = \dfrac{\text{A} \times \text{T} \times \text{m}}{\text{Wb}} \times \dfrac{\text{Wb}}{\text{m}^2} \times \text{Wb} = \dfrac{\text{A} \times \text{T}}{\text{m}} \times \text{Wb} = \text{Oe} \times \text{Wb}$

            $\therefore f(\text{力}) = H(\text{磁場強度}) \times \phi(\text{磁通量})$

        (2)　$f = \dfrac{1}{\mu_{CGS}} \times \dfrac{M}{r^2} \times m = \left[k \times \dfrac{1}{\mu_{MKS}} \times \dfrac{M}{r^2} \times m \right] \times 10^5$

            $= \left[C \times \dfrac{\dfrac{4\pi M}{10^8} \times \dfrac{4\pi m}{10^8}}{\left(\dfrac{r}{10^2} \right)^2} \right] \times 10^5 = \left[C \times \dfrac{(4\pi)^2}{10^7} \right] \times \dfrac{M}{r^2} \times m$

            現欲使 $f = \dfrac{M}{r^2} \times m$ 的形式，故

            $C = \dfrac{10^7}{(4\pi)^2} = \dfrac{1}{4\pi} \times \dfrac{1}{4\pi \times 10^{-7}} = k \times \dfrac{1}{\mu_{MKS}}$

            $\Rightarrow k = \dfrac{1}{4\pi}$ ，$\mu_{MKS} = 4\pi \times 10^{-7} \left(\dfrac{\text{Wb}}{\text{A} \times \text{m}} \right)$

        Note：$1\text{Newton} = 10^5 \text{dyne}$

十、庫侖(電力)定律

    欲測量一電荷 Q 所產生之電場 $\vec{E}$，則置一假想電荷 q 於 $\vec{E}$ 內，此時若 q 之受力為 $\vec{F}$，則 $\vec{E} = \dfrac{\vec{F}}{q}$ $\Rightarrow \vec{F} = \vec{E} \cdot q = \dfrac{1}{4\pi\varepsilon} \dfrac{Q}{d^2} \times q$，其中 ε 為介質的介電係數(Permittivity)。

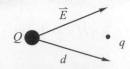

圖 3-3　電荷 Q 所產生之電場 $\vec{E}$ 與電荷 q 的作用

Note：庫侖僅提出了「庫侖(電力)定律」，並未提出「庫侖磁力定律」。「庫侖磁力定律」乃是由「庫侖(電力)定律」類比而來。」

例 3-2

磁極強度分別為 80emu 及 100emu 的兩磁極在空氣中相距 20 公分，求兩者間之作用力？

解 $f = \dfrac{1}{4\pi} \times \dfrac{1}{4\pi \times 10^{-7}} \times \left[\dfrac{\dfrac{4\pi 80}{10^8} \times \dfrac{4\pi 100}{10^8}}{\left(\dfrac{20}{10^2}\right)^2} \right] = 20 \times 10^{-5} (\text{newton})$

或是：

$f = 1 \times \dfrac{80}{20^2} \times 100 = 20(\text{dyne})$

十一、磁阻(Reluctance，$\Re$)

(一) 指介質阻止磁通於其內通過的特性。

$$\Re = \frac{1}{\mu} \times \frac{l}{A}$$

其中　l：磁路的長度

　　　A：磁路的截面積

$$\therefore F = H \times l = \frac{B}{\mu} \times l = \frac{1}{\mu} \times \frac{\phi}{A} \times l = \left(\frac{1}{\mu} \times \frac{l}{A}\right) \times \phi = \Re \times \phi$$

$$\Rightarrow \phi = \frac{F}{\Re}，\text{此為洛蘭定律(磁路的歐姆定律)。}$$

(二) 因爲 $\Re = \dfrac{F}{\phi}$，所以磁阻在 CGS 制中的單位爲「$\dfrac{吉柏特(gilbert)}{馬(Max)}$」，在

MKS 制中的單位爲「$\dfrac{安匝(AT)}{韋(Wb)}$」。

(三) 磁阻串並聯的計算與電阻串並聯的計算相同。

例 3-3

一裝置如圖 3-4，該 O 形環的平均環長爲 30 公分、截面積爲 1 平方公分。現將匝數爲 120 之線圈繞於其上，且線圈通以 0.5A 之電流。設環內之磁通爲 $5 \times 10^2 \, \text{Max}$，求環內之(1)磁動勢，(2)磁阻，(3)磁通密度，(4)磁場強度，(5)導磁係數，(6)相對導磁係數？

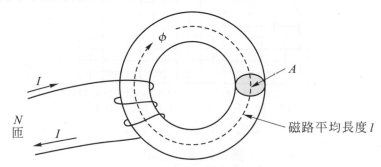

圖 3-4　例題 3-3 的裝置

解 (1) $F = N \times I = 120 \times 0.5 = 60 (\text{AT})$

(2) $\Re = \dfrac{F}{\phi} = \dfrac{60}{\dfrac{5 \times 10^2}{10^8}} = 1.2 \times 10^7 \left(\dfrac{\text{AT}}{\text{Wb}}\right)$

(3) $B = \dfrac{\phi}{A} = \dfrac{5 \times 10^{-6}}{10^{-4}} = 5 \times 10^{-2} \left(\dfrac{\text{Wb}}{\text{m}^2}\right) = 5 \times 10^{-2} (\text{Tesla})$

(4) $H = \dfrac{F}{l} = \dfrac{60}{30 \times 10^{-2}} = 2 \times 10^2 \left(\dfrac{\text{AT}}{\text{m}}\right) = 2 \times 10^2 (\text{Oe})$

(5) $\mu = \dfrac{B}{H} = \dfrac{5 \times 10^{-2}}{2 \times 10^2} = 2.5 \times 10^{-4} \left(\dfrac{\text{Wb}}{\text{A} \times \text{T} \times \text{m}}\right)$

(可據此另解磁阻 $\Re = \dfrac{1}{\mu} \times \dfrac{l}{A} = \dfrac{1}{2.5 \times 10^{-4}} \times \dfrac{30 \times 10^{-2}}{10^{-4}} = 1.2 \times 10^7 \left(\dfrac{\text{AT}}{\text{Wb}}\right)$)

(6) $\mu_r = \dfrac{\mu}{\mu_0} = \dfrac{2.5 \times 10^{-4}}{4\pi \times 10^{-7}} = 199$

十二、磁化曲線

一材料的磁通密度(B)隨外加由零開始增加之磁化力(H)而變化的曲線,如圖 3-5,又稱「B-H圖」。於曲線的末端,當 H 再增大而 B 不再增加的狀態稱「磁飽和(Magnetism saturation)」。

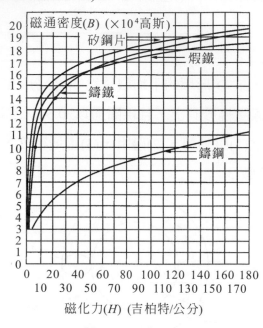

圖 3-5　磁化曲線

例 3-4

一裝置如圖 3-6(a)且數據如下:$I_1 = 4\text{A}$,$N_1 = 200\text{T}$,$N_2 = 300\text{T}$,$l = 50\text{cm}$,$A = 0.1\text{m}^2$,該磁路之 B-H 關係如圖 3-6(b)所示。若欲在環內產生$1 \times 10^6 \text{Max}$之磁通,求(1) I_2,(2)磁阻?

Note:圖中兩實心圓點的意義為:同有實心圓點處電壓的極性相同;亦即相位差為零。有實心圓點處與無實心圓點處電壓的相位差為 180°。

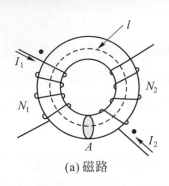
(a) 磁路

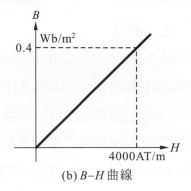
(b) $B\text{-}H$ 曲線

圖 3-6　例題 3-4 的裝置

解 (1) 求 I_2

① 該磁路可對偶於圖 3-7 之電路

$$F_1 = N_1 \times I_1 = 200 \times 4 = 800(\text{AT})$$

$$F_2 = N_2 \times I_2 = 300 \times I_2 = 300 I_2 (\text{AT})$$

$$\sum F = F_1 - F_2 = H \times l$$

② $B = \dfrac{\phi}{A} = \dfrac{\dfrac{1 \times 10^6}{10^8}}{0.1} = 0.1\left(\dfrac{\text{Wb}}{\text{m}^2}\right)$

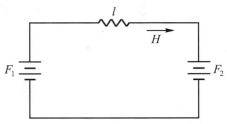

圖 3-7　可對偶於圖 3-8(a)之電路

由圖 3-6(b)可得此時之 $H = 1000\dfrac{\text{AT}}{\text{m}}$

③ $\sum F = 800 - 300 I_2 = 1000 \times 0.5 \ \Rightarrow I_2 = 1\text{A}$

(2) $\Re = \dfrac{F}{\phi} = \dfrac{500}{\dfrac{1 \times 10^6}{10^8}} = 5 \times 10^4 \left(\dfrac{\text{AT}}{\text{Wb}}\right)$

$$= \dfrac{1}{\mu} \times \dfrac{l}{A} = \dfrac{1}{\dfrac{B}{H}} \times \dfrac{l}{A} = \dfrac{H}{B} \times \dfrac{l}{A} = \dfrac{4000}{0.4} \times \dfrac{0.5}{0.1}$$

十三、磁化循環

　　如圖 3-8，一材料受由零開始增加至 g 的磁化力(H)作用，使得該材料的磁通密度(B)由零增加至 i (即 a 點)，此時若磁化力由 g 下降為零，則磁通密度由 i 減少為 b。若欲消除該材料所保有的磁通密度(Ob)，則須施以反方向的磁化力 c，才能使磁通密度降為零。若反方向的磁化力增大為 h，則該材料的磁通密度增加為 j(與 i 反向，即 d 點)。同樣地，此時若磁化力由 h 下降為零，則磁通密度由 j 減少為 e。若欲消除該材料所保有的磁通密度(Oe)，則須施以正方向的磁化力 f，才能使磁通密度降為零。若正方向的磁化力增大為 h，則該材料的磁通密度增加為 i (即 a 點)。如此 abcdefa 間的循環稱為「磁化循環」。

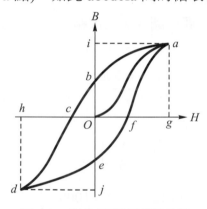

圖 3-8　磁化循環與磁滯曲線

十四、磁滯(Hysteresis)

　　磁通密度(B)較磁化力(H)滯後的現象，代表物質保留磁性的能力。當外界之 H 降為零，而物質因磁滯仍保有的磁通稱「剩磁(Residual magnetism)」，如圖 3-8 中的 Ob 或 Oe。使剩磁完全消失所需加的反向磁化力稱「矯頑磁力(Coercive force)」。

十五、磁滯曲線

　　描述磁化循環的曲線，或稱「磁滯迴路(Hysteresis loop)」。

十六、磁滯損失

　　因磁化循環而產生之損失，由磁滯曲線(磁化循環所包圍)的面積決定。

十七、磁位降與磁動勢

在電場中，單位電荷所作之功稱為電位降；將此觀念對偶至磁場中可謂：一單位磁核(emu)所作之功稱為磁位降，習慣以符號 u 表示。設一強度為 m 之磁極在磁場中受力 f 牛頓，此磁極延磁場方向移動 l 公尺所作之功(W)為

$$W = f \cdot l$$

則單位磁核所作之功(磁位降)為

$$u = \frac{W}{m} = \frac{f}{m} \cdot l = H \cdot l$$

由上式可知，磁位降係磁化力與長度的相乘積，也就是磁動勢。

十八、安培定律

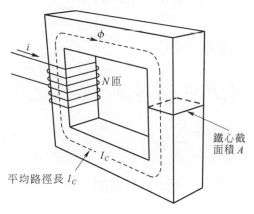

圖 3-9 安培定律

如圖 3-9，一磁極所作之功(磁位降)可計算如下：

$$\oint_C \vec{H} \cdot d\vec{l} = \int_s \vec{J} \cdot d\vec{s} + \frac{d}{dt}\int_s \vec{D} \cdot d\vec{s} = \sum_{i=1}^{n} I_i$$

此即為安培定律(Ampere's Law)。

其中

C ：封閉曲線

$\oint_C$ ：延 C 的環積分

H ：磁場強度(A/m)

dl ：C 上微小片段之長度(m)

s ：以 C 爲邊界的面

$\int_s$ ：s 面的面積分

J ：s 面上的電流密度(A/m^2)

D ：s 面上的電通密度(C/m^2)

Ds ：s 面上的單位面積(m^2)

I_i ：通過 s 面上第 i 條導線的電流(A)

除非電機內電容量極大或電源頻率極高，否則 $\dfrac{d}{dt}\int_s \vec{D}\cdot d\vec{s}$ 可忽略不計。故安培定律可簡化成

$$\oint_C \vec{H}\cdot d\vec{l} = \int_s \vec{J}\cdot d\vec{s} = \sum_{i=1}^{n} I_i$$

若設 C 上之 H 爲定值，則

$$\oint_C \vec{H}\cdot d\vec{l} = H\cdot\oint_C d\vec{l} = H\cdot l_C = \sum_{i=1}^{n} I_i$$

$$\Rightarrow H = \sum_{i=1}^{n} I_i \Big/ l_C$$

若載流導體爲載有 I 安培的 N 匝線圈，則

$$\sum_{i=1}^{n} I_i = N\cdot I \ (\text{線圈的磁位降 i.e.磁動勢}) \dots\dots\dots\dots\dots(3\text{-}1)$$

$$\Rightarrow H = \frac{N\cdot I}{l_C} \ (\text{線圈的磁化力})$$

十九、**在封閉電路中所有電位降的和即等於該電路之電動勢**；此觀念對偶至磁場中可謂：在封閉磁路中所有磁位降的和即等於該磁路之磁動勢(3-1式)。

二十、磁路與電路的比較

項次	電路	磁路
1	電動勢(Electric Motivation Force, emf)，E	磁動勢(Magnetic Motivation Force, mmf)，F
2	電動勢 E 在電路中產生電流 I	磁動勢 F 在磁路中產生磁通 ϕ
3	電荷間作用力 $f = \dfrac{q_1 \times q_2}{4\pi\varepsilon\, r^2}$ (牛頓) 同性相斥(f 之正方向)、異性相吸	磁極間作用力 $f = \dfrac{m_1 \times m_2}{4\pi\mu\, r^2}$ (牛頓) 同性相斥(f 之正方向)、異性相吸
4	電力線由正電荷出發，止於負電荷	磁力線為由 N 極出發，經介質至 S 極，再由磁材內部回到 N 極的封閉曲線
5	正、負電荷可單獨存在	N、S 極須同時存在
6	電場強度 $E = \dfrac{F}{Q}\left(\dfrac{\text{牛頓}}{\text{庫倫}}\right)$	磁場強度 $E = \dfrac{F}{m}\left(\dfrac{\text{牛頓}}{\text{韋伯}}\right)$
7	電阻 $R = \rho \times \dfrac{l}{A}$	磁阻 $\Re = \dfrac{1}{\mu} \times \dfrac{l}{A}$
8	電流密度 $J = \dfrac{I}{A}$	磁通密度 $B = \dfrac{\phi}{A}$
9	導電係數 $r = \dfrac{1}{\rho}$	導磁係數 $\mu = \dfrac{B}{H}$
10	歐姆定律 $I = \dfrac{E}{R} \Rightarrow E = I \times R \Rightarrow \sum E = \sum(I \times R)$	洛蘭定律(磁路的歐姆定律) $\phi = \dfrac{F}{\Re} \Rightarrow F = \phi \times \Re = N \times I = H \times l$ $\Rightarrow \sum F = \sum(H \times l)$

例 3-5

一裝置如圖 3-10(a)，設 $A = 0.01\text{m}^2$，求空氣隙(Air gap)的磁通量？

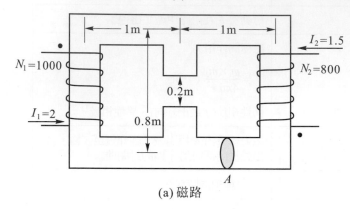

(a) 磁路

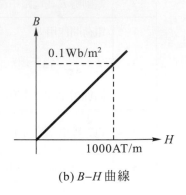

(b) B–H 曲線

圖 3-10 例題 3-5 的裝置

解 (1) 該磁路可對偶於圖 3-11 之電路

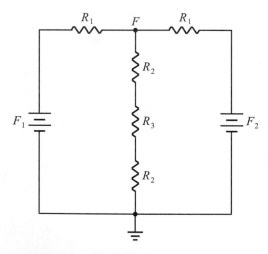

圖 3-11 可對偶於圖 3-10(a)之電路

$$F_1 = N_1 \times I_1 = 1000 \times 2 = 2000(\text{AT}) \; ; \; F_2 = N_2 \times I_2 = 800 \times 1.5 = 1200(\text{AT})$$

(2) 造成 R_1 的磁路長度 $l_1 = 1 + 0.8 + 1 = 2.8(\text{m})$

造成 R_2 的磁路長度 $l_2 = \dfrac{(0.8 - 0.2)}{2} = 0.3(\text{m})$

(3) 由圖 3-10(b)可得此時之 $\mu = \dfrac{B}{H} = \dfrac{0.1}{1000} = 1 \times 10^{-4} \left(\dfrac{\text{Wb}}{\text{ATm}} \right)$

(4) $R_1 = \dfrac{1}{\mu} \times \dfrac{l_1}{A} = \dfrac{1}{1 \times 10^{-4}} \times \dfrac{2.8}{0.01} = 2.8 \times 10^6 \left(\dfrac{\text{AT}}{\text{Wb}} \right)$

$R_2 = \dfrac{1}{\mu} \times \dfrac{l_2}{A} = \dfrac{1}{1 \times 10^{-4}} \times \dfrac{0.3}{0.01} = 3 \times 10^5 \left(\dfrac{\text{AT}}{\text{Wb}} \right)$

$R_3 = \dfrac{1}{\mu_0} \times \dfrac{l_3}{A} = \dfrac{1}{4\pi \times 10^{-7}} \times \dfrac{0.2}{0.01} = 1.592 \times 10^7 \left(\dfrac{\text{AT}}{\text{Wb}} \right)$

(5) 由圖 3-11，為建立 F 點的電流方程式，設 F 點左右兩邊電流流入、向下流出，則

$$\dfrac{(F_1 - F)}{R_1} + \dfrac{(F_2 - F)}{R_1} = \dfrac{F}{(R_2 + R_3 + R_2)} \quad \text{(KCL)}$$

$$\Rightarrow \dfrac{(2000 - F)}{2.8 \times 10^6} + \dfrac{(1200 - F)}{2.8 \times 10^6} = \dfrac{F}{(3 \times 10^5 + 1.592 \times 10^7 + 3 \times 10^5)}$$

解得 $F = 1475\text{AT}$

(6) $\phi = \dfrac{F}{(R_2 + R_3 + R_2)} = \dfrac{1475}{(3 \times 10^5 + 1.592 \times 10^7 + 3 \times 10^5)} = 8.93 \times 10^{-5} (\text{Wb})$

例 3-6

一裝置如圖 3-12，該鐵心之材質為鑄鐵，線圈電流為 10 安培。若欲使空氣隙的磁通密度為 12Tesla，求該線圈的匝數？

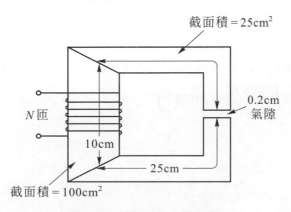

圖 3-12　例題 3-6 的裝置

解 (1) 氣隙磁阻 $\mathfrak{R}_g = \dfrac{1}{\mu_0} \times \dfrac{l_g}{A_g} = \dfrac{1}{4\pi \times 10^{-7}} \times \dfrac{0.2 \times 10^{-2}}{25 \times 10^{-4}} = 6.36 \times 10^5 \left(\dfrac{AT}{Wb} \right)$

(2) $12\text{Tesla} = 12\dfrac{Wb}{m^2}$，氣隙磁通量 $\phi = B_g \times A_g = 12 \times 25 \times 10^{-4} = 3 \times 10^{-2} (\text{Wb})$

(3) 氣隙磁動勢 $F_g = \mathfrak{R}_g \times \phi = 6.36 \times 10^5 \times 3 \times 10^{-2} = 19080 (\text{AT})$

(4) 鐵心截面積 25cm^2 處之磁通密度亦為 $12\text{Tesla} = 12\dfrac{Wb}{m^2} = 12 \times 10^4 \text{Gauss}$，

由圖 3-5 可查得此時之磁化力

$H_1 = 10\dfrac{\text{gilbert}}{\text{cm}} = 10 \div 0.4\pi \dfrac{AT}{10^{-2}m} = 795.77\dfrac{AT}{m}$

鐵心截面積 25cm^2 路徑的總長度為 $l_1 = (25 + 25)\text{cm} = 0.5\text{m}$，

所需磁動勢 $F_1 = H_1 \times l_1 = 795.77 \times 0.5 = 397.89(\text{AT})$

另解：因全磁路的磁通量均相等，故亦可由 $F = \mathfrak{R} \times \phi$ 求該段磁動勢。

如下：

$F_1 = \mathfrak{R}_1 \times \phi = \left(\dfrac{1}{\mu_1} \times \dfrac{l_1}{A_1} \right) \times \phi = \left(\dfrac{H_1}{B_1} \times \dfrac{l_1}{A_1} \right) \times \phi = \left(\dfrac{795.77}{12} \times \dfrac{0.5}{25 \times 10^{-4}} \right) \times \left(3 \times 10^{-2} \right)$

$= 397.89(AT)$

(5) 鐵心截面積 100cm^2 處之磁通密度為

$B_2 = \dfrac{\phi}{A_2} = \dfrac{3 \times 10^{-2}}{100 \times 10^{-4}}\dfrac{Wb}{m^2} = 3\text{Tesla} = 3 \times 10^4 \text{Gauss}$，由圖 3-5 可查得此時之

磁化力 $H_2 = 2\dfrac{\text{gilbert}}{\text{cm}} = 2 \div 0.4\pi \dfrac{AT}{10^{-2}m} = 159.15\dfrac{AT}{m}$

鐵心截面積 100cm^2 路徑的總長度為 $l_2 = 10\text{cm} = 0.1\text{m}$，

所需磁動勢 $F_2 = H_2 \times l_2 = 159.15 \times 0.1 = 15.92(\text{AT})$

(6) 磁路所需之總磁動勢

$F = F_g + F_1 + F_2 = 19080 + 397.89 + 15.92 = 19493.81(\text{AT})$ (KVL)

(7) $N = \dfrac{F}{I} = \dfrac{19493.81}{10} \approx 1950(\text{T})$

題

1. 一強度為 M 之磁極置於水中，求計算此磁極產生磁力線的總數。

2. 一裝置如圖(1)，該鐵心之材質為矽鋼片，線圈電流為 10 安培。若欲使空氣隙的磁通密度為 19Tesla，求該線圈的匝數？

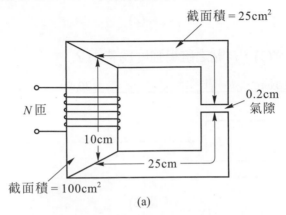

(a)

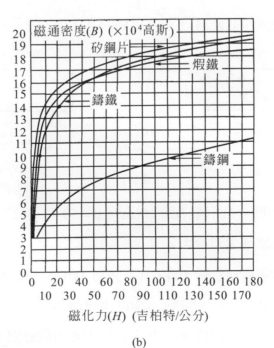

(b)

圖(1)

3. 圖(2)中 A、B 二磁極相距 10 公分，A 磁極為 20 靜磁單位，B 磁極為 30 靜磁單位，求 A、B 間之作用力？

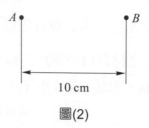

圖(2)

4. 一磁極 m 如圖(3)，P 點之磁場強度為若干？

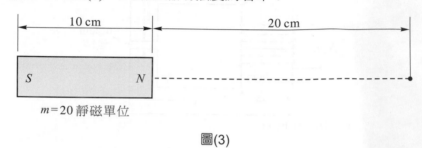

圖(3)

5. 二磁鐵置於空氣中如圖(4)，求二磁鐵間之作用力？

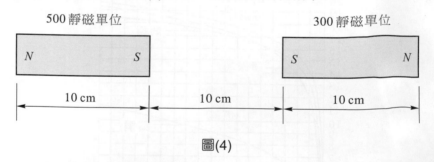

圖(4)

6. 二平行磁極面間，極面積 (A) 為 $10cm^2$，$\phi = 50$ 線，若置於 50 靜磁單位之磁極於其中，則此磁極受力若干？

7. 某鐵心的相對導磁係數為 100，其上繞以 100 匝的線圈，線圈通電流 4A。若鐵心的磁路長 20 公分，求鐵心磁路的磁通密度？

8. 某鐵心的相對導磁係數為 80，其上繞以 100 匝的線圈，線圈通電流 8A。若鐵心的磁路長 20 公分，求鐵心磁路的磁通密度？

9. 一結構如圖(5)，材料 A 之相對導磁係數為 25、磁路長為 100mm；材料 B 之相對導磁係數為 50、磁路長為 150mm；氣隙間隔 3mm；磁路截面積 2cm^2；線圈匝數 $N = 100$；電流 $I = 5$A。

求：

(1)該結構之等效磁阻，

(2)該磁路之磁通量。

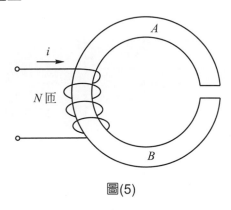

圖(5)

10.一結構如圖(6)，若磁路截面積 $A = 2$cm^2；線圈匝數 $N = 200$；電流 $I = 3$A；材料之相對導磁係數為 120；磁路長為 100mm。

求：

(1)該結構之等效磁阻，

(2)該磁路之磁通量。

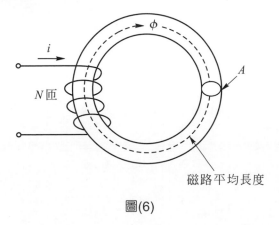

圖(6)

Chapter 4

電磁效應

4.1 奧斯特效應

1. 導體通以電流，則導體附近會產生磁場。

2. 電流為由南向北流之載流導體下方磁針的 N 極偏向西，導體上方磁針之 N 極則偏向東。

3. 此現象於 1819 年由丹麥物理學家奧斯特發現。

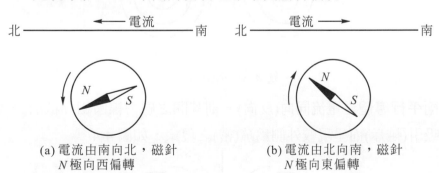

(a) 電流由南向北，磁針 N 極向西偏轉

(b) 電流由北向南，磁針 N 極向東偏轉

圖 4-1　奧斯特效應

4.2 安培右手定則(右螺旋定則)

一、以右手握住導體

(一) 導體爲直線時：拇指指向電流方向(螺釘前進方向)，其餘四指爲磁力線方向(螺釘旋轉的方向)。

(二) 導體爲線圈時：四指環繞電流方向(螺釘旋轉的方向)，拇指則指向磁力線方向(螺釘前進方向)。

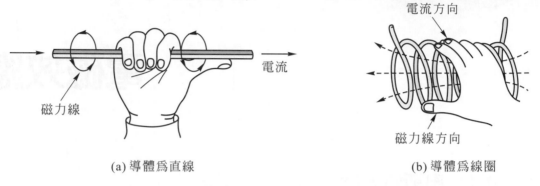

(a) 導體爲直線　　　　　　　　　　(b) 導體爲線圈

圖 4-2　安培右手定則

二、以●(箭頭)表示描述量指向觀察者。以✕(箭尾)表示描述量遠離觀察者，如圖 4-3。

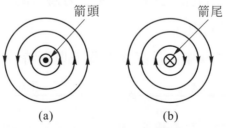

(a)　　　　　　　　　(b)

圖 4-3　箭頭與箭尾

三、兩平行導體之電流同向(反向)。則其間之磁力線因相互抵消(疊加)而相互吸引(排斥)而呈現較外側爲疏(密)之現象，如圖 4-4。

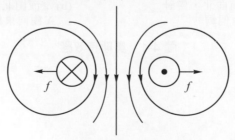

4-4　兩平行導體之電流反向

4.3　線圈(螺管─Solenoid)

一、單匝線圈：若考慮爲其導線，則其內電流所產生磁力線相加，即爲考慮其
　　　爲線圈時其上電流所生之磁力線。

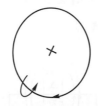

圖 4-5　單匝線圈

二、螺管：連續的單匝線圈。

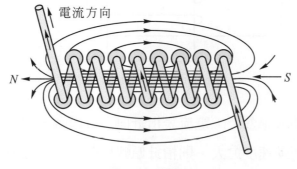

圖 4-6　螺管

(一) 當螺管長度大於半徑時，管內爲均勻之磁場。

(二) 螺管所產生之磁場強度爲：

$$H = \frac{N \times I}{l}$$

其中　H：磁場強度(安匝/公尺)

　　　N：匝數

　　　I：電流(安培)

　　　l：長度(公尺)

4.4 電磁感應

一、導線與磁場作相對運動時，導線上會感應產生電動勢，此現象即稱電磁感應，於 1831 年由法拉第發現。

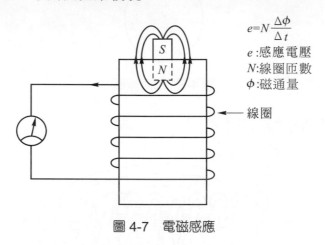

$$e=N\frac{\Delta\phi}{\Delta t}$$

e :感應電壓
N :線圈匝數
ϕ :磁通量

線圈

圖 4-7　電磁感應

(一) 磁鐵插入線圈時，電流表指針向一方偏轉，抽出時向另一方偏轉。

(二) 磁鐵運動速度愈大，則指針偏轉量愈大，反之愈小。

(三) 根據安培右手定則(或奧斯特效效應)，以電磁線圈代替磁鐵則效果亦同，如圖 4-6。其中 L_1 為初級線圈、 L_2 為次級線圈。

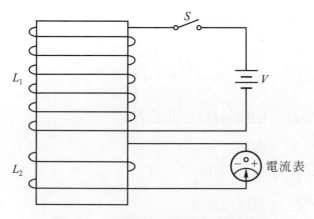

圖 4-8　以線圈取代磁鐵之電磁感應

(四) S(開關，Switch)接通與截斷時所造成電流表指針偏轉的方向不同。

二、法拉第電磁感應定律(Faraday's Law of electromagnetic induction)

(一) $e = N \dfrac{\Delta\phi}{\Delta t}$ ....(4-1)

其中　e　：感應電動勢(Volt)

ϕ　：磁通量(Wb)

N　：感應線圈之匝數(T)

t　：時間(sec)

$\dfrac{\Delta\phi}{\Delta t}$　：磁通變化率

(二) 法拉第發現線圈上有感應電動勢產生的原因：

1. 線圈附近電路有電流接通或截斷的現象

2. 有磁場移近或遠離線圈

3. 一封閉電路(線圈)在磁場附近移動，或在一載流的封閉電路附近移動。

(三) 僅討論 e 的大小，未討論 e 的方向。

例 4-1

一線圈之匝數為 200 匝，其上之磁通變化率為每秒 0.1 韋伯，求此線圈之感應電動勢？

解 $e = N \dfrac{\Delta\phi}{\Delta t} = 200 \times 0.1 = 20(\text{V})$

三、楞次定律(Lenz's Law)

(一) 感應電流(由感應電動勢所產生)所感應出磁場之方向係反抗原來磁通變化的方向。

(二) $e = -N \dfrac{\Delta\phi}{\Delta t}$ ....(4-2)

(三) 此定律由德國科學家楞次(Hinrich Lenz)於 1834 年所提出。

(四) 此定律修正法拉第定律(4-1)式中 e 的方向。

(五) 為紀念兩人的貢獻,通常將(4-2)式稱為「法拉第-楞次方程式」。

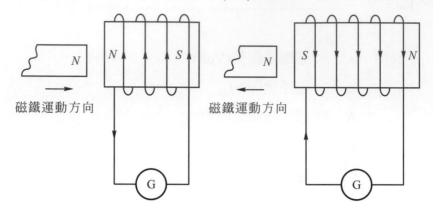

磁鐵運動方向　　　　　磁鐵運動方向

圖 4-9　楞次定律

例 4-2

一匝數為 10 之線圈,在 20Wb 之均勻磁場內運動,0.1 秒內其磁通便剩下 5Wb,求此線圈內之平均感應電動勢?

解　$\Delta\phi = (5-20) = -15(\text{Wb})$

$e = -N\dfrac{\Delta\phi}{\Delta t} = -10\left(\dfrac{-15}{0.1}\right) = 1500(\text{V})$

例 4-3

一導線貫穿 100 匝之線圈,該導線之磁通量為 1×10^7 馬,在 0.2 秒內此磁通均勻下降為零,則此線圈之感應電動勢為若干?

解　$\Delta\phi = \dfrac{\left(0 - 1\times10^7\right)}{10^8} = -0.1(\text{Wb})$

$e = -N\dfrac{\Delta\phi}{\Delta t} = -100\left(\dfrac{-0.1}{0.2}\right) = 50(\text{V})$

例 4-4

一 100 匝之線圈，在磁場中轉動一角度費時 0.1 秒時之感應電動勢為 −10V，求此線圈中之最大磁通量？

 $e = -N \dfrac{\Delta\phi}{\Delta t} = -100 \left(\dfrac{\Delta\phi}{0.1} \right) = -10 \text{(V)} \Rightarrow \Delta\phi = 0.01\text{Wb} = 1 \times 10^6 \text{Max}$

4.5　佛來銘定則(Fleming's rule)

一、佛來銘右手定則($B + F \rightarrow I$)

(一) 長度為 l 之 N 匝導體環於均勻磁場中以 v 之速度與磁場 B 成 θ 角運動時，該導體環之感應電動勢為：$e = -NBvl\sin\theta$

其中 e 的單位為 volt，B 的單位為 Tesla，v 的單位為 m/s，l 的單位為 meter。

Note：$\bar{e} = -Nl\,\bar{v} \times \bar{B}$，外積(Cross)：$\bar{v} \times \bar{B} = vB\sin\theta$。內積(Dot)：$\bar{v} \cdot \bar{B} = vB\cos\theta$。

【Proof】：

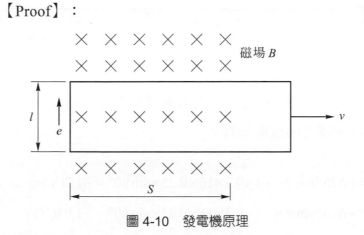

圖 4-10　發電機原理

如圖 4-10，設寬度為 l 的線圈以速度 v 在磁通密度 B 的磁場中運動，還留在磁場中的線圈長度為 S。則還留在磁場中的線圈面積 $A = l \times S$，作用在線圈上的有效磁通量 $\phi = B \times A = B \times (l \times S)$。

根據(4-2)式，線圈的感應電動勢

$$e = -N\frac{\Delta\phi}{\Delta t} = -N\left[\frac{\Delta(B\times l\times S)}{\Delta t}\right] = -NlB\left(\frac{\Delta S}{\Delta t}\right) = -NlB\times v = -NBvl\sin\theta$$

(二) v、B、e 三者間之方向關係可以右手拇指(v)、食指(B)及中指(e)互相垂直來表示。

(三) 此定則又稱發電機定則。

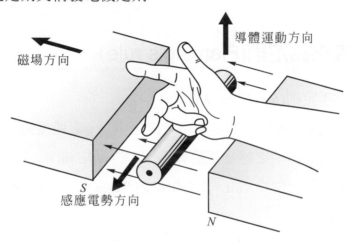

圖 4-11　佛來銘右手定則

例 4-5

一導體長 30cm 於 $0.3\dfrac{\text{Wb}}{\text{m}^2}$ 之均勻磁場中以 $16\dfrac{\text{m}}{\text{s}}$ 之速度運動。若在磁場中之導體長度為 25cm，求(1)導體運動方向與磁場垂直時之感應電動勢？(2)導體運動方向與磁場成 60°時之感應電動勢？

解　(1)　$e = -NBvl\sin\theta = -1\times0.3\times16\times0.25\times\sin90° = -1.2(\text{V})$

(2)　$e = -NBvl\sin\theta = -1\times0.3\times16\times0.25\times\sin60° = -1.04(\text{V})$

例 4-6

如圖 4-12 所示，一導體長 30cm 於 $0.2\dfrac{\text{Wb}}{\text{m}^2}$ 之均勻磁場中以 $60\dfrac{\text{m}}{\text{s}}$ 之速度運動。求下列運動方向時之感應電動勢：(1)與 x 軸成 $60°$，(2) x 軸方向，(3) y 軸方向。

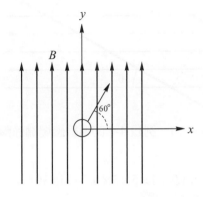

圖 4-12 例題 4-6 的導線磁場關係

解
(1) $e = -NBvl\sin\theta = -1\times0.2\times60\times0.3\times\sin\left(90°-60°\right) = -1.8(\text{V})$

(2) $e = -NBvl\sin\theta = -1\times0.2\times60\times0.3\times\sin90° = -3.6(\text{V})$

(3) $e = -NBvl\sin\theta = -1\times0.2\times60\times0.3\times\sin0° = 0(\text{V})$

二、彿來銘左手定則($I + B \rightarrow F$)

(一) 長度為 l 之 N 匝載流導體置於一磁通密度為 B 之均勻磁場中，且該導體與 B 方向夾 θ 角，則此導體會受一磁力 F。

$$\vec{F} = Nl\vec{I}\times\vec{B} = NBIl\sin\theta$$

其中 F 的單位為 Newton，B 的單位為 Tesla，I 的單位為 Ampere，l 的單位為 meter。

(二) F、B、I 三者間之方向關係可以左手拇指(F)、食指(B)及中指(I)互相垂直表示。

(三) 此定則又稱電動機定則。

(四) 以右手拇指(F)、四指(I)及手掌心(B)來表示。

例 4-7

如圖 4-13，該磁場之磁通密度為 5 Tesla，求該導線的受力大小及方向？

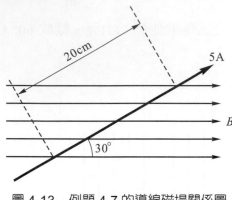

圖 4-13　例題 4-7 的導線磁場關係圖

解 $\vec{F} = Nl\vec{I} \times \vec{B} = NBIl\sin\theta = 1 \times 5 \times 5 \times 0.2 \times \sin 30° = 2.5(N)$ 向下(指入書面)

例 4-8

一導體長 20cm 置於 $0.7\dfrac{\text{Wb}}{\text{m}^2}$ 之均勻磁場中並通以 15A 之電流。求下列方向時導體之受力：(1)導體與磁場垂直，(2)導體與磁場成 45°，(3)導體與磁場平行。

解
(1) $F = NBIl\sin\theta = 1 \times 0.7 \times 15 \times 0.2 \times \sin 90° = 2.1(N)$

(2) $F = NBIl\sin\theta = 1 \times 0.7 \times 15 \times 0.2 \times \sin 45° = 1.48(N)$

(3) $F = NBIl\sin\theta = 1 \times 0.7 \times 15 \times 0.2 \times \sin 0° = 0(N)$

4.6　自感與互感

一、自感(Self-Induction)

(一) 一線圈受外界磁力線變化之影響，會感應出電動勢 $e = -N\dfrac{\Delta\phi}{\Delta t}$，進而產生電流。

(二) 電流通過線圈時，在此線圈周圍會產生磁通。

(三) 上述(1)、(2)情況間交互感應的現象稱為自感。

(四) 結論：線圈中之電流發生變化時，線圈本身亦產生感應電動勢，此現象即為自感，此線圈即稱為電感器(Inductor)。

(五) 定義：$L(亨利) = N(匝數)\dfrac{\Delta\phi(韋伯)}{\Delta I(安培)}$ (單位變化的電流所能感應出變化磁通之能力)

所以

$$L \times \Delta I = N \times \Delta\phi \quad\text{..(4-3)}$$

又由(4-2)式可得

$$-e \times \Delta t = N \times \Delta\phi \quad\text{..(4-4)}$$

由(4-3)、(4-4)式可得

$L \times \Delta I = -e \times \Delta t \ \Rightarrow L = \dfrac{-e}{\dfrac{\Delta I}{\Delta t}}$，所以電感器兩端的感應電動勢

$$e = -L\dfrac{\Delta I}{\Delta t} \quad\text{..(4-5)}$$

(六) 又由磁路歐姆定律：$F = N \times I = \Re \times \phi \ \Rightarrow \phi = \dfrac{NI}{\Re}$，所以 $\phi \propto N$。

而 $L = N\dfrac{\phi}{I} = N\dfrac{\dfrac{NI}{\Re}}{I} = N^2\dfrac{1}{\Re}$，所以 $L \propto N^2$。

(七) 電感的串並聯計算與電阻相同。

Note：符號「$\propto$」是「成正比」的意思。

例 4-9

線圈匝數為 500，流過 5A 電流，產生 2.5×10^6 線之磁通，求其自感？又當線圈匝數改為 600 匝時，仍然通以 5A 電流，自感又為多少？

解 (1) $L = N\dfrac{\phi}{I} \Rightarrow L_{500} = 500 \times \dfrac{2.5 \times 10^6}{5} \times 10^{-8} = 2.5(\text{H})$

(2) $\because \phi \propto N$ ，$\therefore \phi_{600} = \dfrac{600}{500} \times (2.5 \times 10^6) = 3 \times 10^6 (\text{Max})$

$\Rightarrow L_{600} = 600 \times \dfrac{3 \times 10^6}{5} \times 10^{-8} = 3.6(\text{H})$

另解：$\because L \propto N^2$ ，$\therefore L_{600} = \dfrac{(600)^2}{(500)^2} \times 2.5 = 3.6(\text{H})$

例 4-10

某線圈 500 匝，$I = 5\text{A}$ 時 $\phi = 6 \times 10^{-4}\,\text{Wb}$，而 $I = 6\text{A}$ 時 $\phi = 8 \times 10^{-4}\,\text{Wb}$，又 $I = 10\text{A}$ 時 $\phi = 1 \times 10^{-3}\,\text{Wb}$，求電流之變化為 5～6 安培之間與 6～10A 之間的平均電感。

解 (1) $I = 5 \sim 6\text{A}$ ，$L = 500 \times \dfrac{(8-6) \times 10^{-4}}{(6-5)} = 0.1(\text{H})$

(2) $I = 6 \sim 10\text{A}$ ，$L = 500 \times \dfrac{(1 \times 10^{-3}) - (8 \times 10^{-4})}{(10-6)} = 0.025(\text{H})$

例 4-11

一線圈 400 匝，當 $I = 5\text{A}$ 時 $\phi = 5 \times 10^{-2}\,\text{Wb}$，(1)求線圈之自感，(2)若線圈之電流在 0.5 秒內降為零，求感應電動勢。

解 (1) $L = 400 \times \dfrac{5 \times 10^{-2}}{5} = 4(\text{H})$

(2) $e = -N\dfrac{\Delta\phi}{\Delta t} = -400 \times \dfrac{0 - (5 \times 10^{-2})}{0.5} = 40(\text{V})$

或是 $e = -L\dfrac{\Delta I}{\Delta t} = -4 \times \dfrac{0-5}{0.5} = 40(\text{V})$

例 4-12

如圖 4-14，求該電路之總電感 L_T。

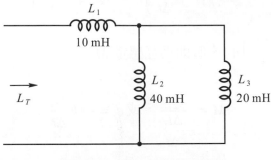

圖 4-14　例題 4-12 的電路

解
$$L_2 \,//\, L_3 = \frac{L_2 \times L_3}{L_2 + L_3} = \frac{40\text{m} \times 20\text{m}}{40\text{m} + 20\text{m}} = 13.3\text{m(H)}$$

$$L_T = L_1 + (L_2 \,//\, L_3) = 10\text{m} + 13.3\text{m} = 23.3\text{m(H)}$$

二、互感(Mutual-Induction)

(一) 一電路內之電流變化，會造成附近電路亦發生電磁感應的現象稱為互感。

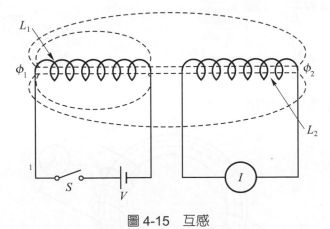

圖 4-15　互感

(二) 如圖 4-15，設 L_1 為初級線圈，其磁通量為 ϕ_1 (由 I_1 產生)；L_2 為次級線圈，其磁通量為 ϕ_2 (由 ϕ_1 經介質傳遞而來的)。則定義

耦合係數(Coefficient of coupling) $0 \le K = \dfrac{\phi_2}{\phi_1} \le 1$

(三) L_2 之感應電動勢 $e_2 = -N_2 \dfrac{\Delta\phi_2}{\Delta t} = -N_2 \dfrac{\left(K \times \Delta\phi_1\right)}{\Delta t}$

$$\because \Delta\phi_1 \propto \left(\dfrac{\Delta I_1}{\Delta t}\right) \text{，} \therefore e_2 \propto \left(-\dfrac{\Delta I_1}{\Delta t}\right)$$

(四) e_2 與 $\left(-\dfrac{\Delta I_1}{\Delta t}\right)$ 的比值即為互感量 M

$$M = \dfrac{e_2}{-\dfrac{\Delta I_1}{\Delta t}} \text{，或} e_2 = -M\dfrac{\Delta I_1}{\Delta t}$$

Note：e 與 $-\dfrac{\Delta I}{\Delta t}$ 的比值即為自感量 L，$L = \dfrac{e}{-\dfrac{\Delta I}{\Delta t}}$，或 $e = -L\dfrac{\Delta I}{\Delta t}$。

(五) 由上述(三)與(四)可得：

$$e_2 = -N_2 \dfrac{\left(K \times \Delta\phi_1\right)}{\Delta t} = -M\dfrac{\Delta I_1}{\Delta t} \Rightarrow M = N_2 \dfrac{\left(K \times \Delta\phi_1\right)}{\Delta I_1} = N_2 \dfrac{\Delta\phi_2}{\Delta I_1}$$

(由 L_1 作用於 L_2)

Note：$L = N\dfrac{\Delta\phi}{\Delta I} = 匝數 \times \dfrac{結果}{起因}$。

(六) $e_1 = M\dfrac{\Delta I_2}{\Delta t} \Rightarrow M = N_1 \dfrac{\left(K \times \Delta\phi_2\right)}{\Delta I_2}$ (由 L_2 作用回 L_1)

三、自感與互感間的作用

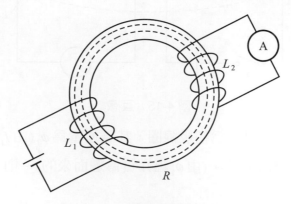

圖 4-16 自感與互感間的作用

(一) 如圖 4-16，L_1 之匝數為 N_1、電流為 I_1；L_2 之匝數為 N_2、電流為 I_2；磁路之磁阻為 $\Re$，則

$$\phi_1 \times \Re = N_1 \times I_1 \ \Rightarrow \phi_2 = K \times \phi_1 = K \times \frac{(N_1 \times I_1)}{\Re}$$

(二) 若 L_1 為初級線圈(L_1 感應 L_2)，則

$$\text{互感} \quad M = N_2 \frac{\left(K \times \Delta\phi_1\right)}{\Delta I_1} \quad\dots\dots\dots\dots\dots\dots\dots\dots(4\text{-}6)$$

若 L_2 為一次側(L_2 感應 L_1)，則

$$\text{互感} \quad M = N_1 \frac{\left(K \times \Delta\phi_2\right)}{\Delta I_2} \quad\dots\dots\dots\dots\dots\dots\dots\dots(4\text{-}7)$$

(4-6)×(4-7)得

$$M^2 = \left[K\left(N_1 \frac{\Delta\phi_1}{\Delta I_1} \right) \right] \times \left[K\left(N_2 \frac{\Delta\phi_2}{\Delta I_2} \right) \right]$$

$$= \left(K \times L_1 \right) \times \left(K \times L_2 \right) = K^2 \times L_1 \times L_2$$

$$\Rightarrow M = K\sqrt{L_1 \times L_2}$$

四、自感量與匝數的關係

$$M = K\sqrt{L_1 \times L_2}$$

$$\Rightarrow N_2 \frac{\Delta\phi_2}{\Delta I_1} = K\sqrt{N_1 \frac{\Delta\phi_1}{\Delta I_1} \times L_2}$$

$$\Rightarrow N_2 \frac{K\Delta\phi_1}{\Delta I_1} = K\sqrt{N_1 \frac{\Delta\phi_1}{\Delta I_1} \times L_2} \quad \Rightarrow \left(N_2 \frac{\Delta\phi_1}{\Delta I_1} \right)^2 = N_1 \frac{\Delta\phi_1}{\Delta I_1} \times L_2$$

$$\Rightarrow N_2{}^2 \left(\frac{\Delta\phi_1}{\Delta I_1} \right) = N_1 \times L_2 \quad \Rightarrow N_2{}^2 \left(\frac{L_1}{N_1} \right) = N_1 \times L_2 \quad \Rightarrow \left(\frac{N_2}{N_1} \right)^2 = \frac{L_2}{L_1}$$

例 4-13

L_1 為 500 匝，L_2 為 1000 匝，若 L_1 有電流 5A，產生磁通 2×10^5 Line，而其中 5×10^4 Line 進入 L_2，求(1) L_1 的自感量，(2)耦合係數，(3)互感量，(4) L_2 的自感量，(5) I_2。

解 (1) $L_1 = N_1 \dfrac{\Delta\phi_1}{\Delta I_1} = 500\times\dfrac{2\times10^5}{5}\times10^{-8} = 0.2(\text{H})$

(2) $K = \dfrac{\phi_2}{\phi_1} = \dfrac{5\times10^4}{2\times10^5} = 0.25$

(3) $M = N_2 \dfrac{\Delta\phi_2}{\Delta I_1} = 1000\times\dfrac{5\times10^4}{5}\times10^{-8} = 0.1(\text{H})$

(4) $M = K\sqrt{L_1\times L_2} \Rightarrow 0.1 = 0.25\sqrt{0.2\times L_2} \Rightarrow L_2 = 0.8\text{H}$

(5) $L_2 = N_2 \dfrac{\Delta\phi_2}{\Delta I_2} \Rightarrow 0.8 = 1000\times\dfrac{5\times10^4}{I_2}\times10^{-8} \Rightarrow I_2 = \dfrac{5}{8}\text{A}$

例 4-14

$L_1 = 200\text{mH}$ 、 $N_1 = 50$ ， $N_2 = 100$ ， $M = 240\text{mH}$ ， $K = 0.6$ 。(1)若 $\dfrac{\Delta\phi_1}{\Delta t} = 450\text{mWb/sec}$ ，求 e_1 及 e_2 ，(2)若 $\dfrac{\Delta I_1}{\Delta t} = 2\text{A/sec}$ ，求 e_1 及 e_2 ，(3)求 L_2 。

解 (1) $e_1 = -N_1 \dfrac{\Delta\phi_1}{\Delta t} = -50\times450\text{m} = -22.5(\text{V})$

$e_2 = -N_2 \dfrac{\Delta\phi_2}{\Delta t} = -N_2\dfrac{(K\times\Delta\phi_1)}{\Delta t} = -100\times0.6\times450\text{m} = -27(\text{V})$

(2) $e_1 = -L_1 \dfrac{\Delta I_1}{\Delta t} = -200\text{m}\times2 = -0.4(\text{V})$

$e_2 = -M \dfrac{\Delta I_1}{\Delta t} = -240\text{m}\times2 = -0.48(\text{V})$

Note：因為沒有 $\dfrac{\Delta I_2}{\Delta t}$ 的數據，所以無法使用公式 $e_2 = -L_2\dfrac{\Delta I_2}{\Delta t}$ 求解。

(3) $M = K\sqrt{L_1\times L_2} = 0.6\times\sqrt{0.2\times L_2} = 240\text{m} \Rightarrow L_2 = 800\text{mH}$

例 4-15

$N_1 = 100$，$N_2 = 200$，$\phi_1 = 2 \times 10^6$ Line，$I_1 = 5A$，$K = 0.75$，(1)求 L_1，(2)求 L_2，(3)求互感量 M，(4)求 I_2，(5)若 I_1 每秒遞減 1A，求 e_1 及 e_2。

解

(1) $L_1 = N_1 \dfrac{\Delta \phi_1}{\Delta I_1} = 100 \times \dfrac{2 \times 10^6}{5} \times 10^{-8} = 0.4(H)$

(2) $L_2 = \left(\dfrac{200}{100}\right)^2 \times 0.4 = 1.6(H)$

(3) $M = K\sqrt{L_1 \times L_2} = 0.75 \times \sqrt{0.4 \times 1.6} = 0.6(H)$

另解：$M = N_2 \dfrac{\Delta \phi_2}{\Delta I_1} = N_2 \dfrac{\Delta \phi_1 \times K}{\Delta I_1} = 200 \times \dfrac{2 \times 10^6 \times 0.75}{5} \times 10^{-8} = 0.6(H)$

$M = K\sqrt{L_1 \times L_2}$，$0.6 = 0.75 \times \sqrt{0.4 \times L_2}$ $\Rightarrow L_2 = 1.6H$

(4) $L_2 = N_2 \dfrac{\Delta \phi_2}{\Delta I_2}$ $\Rightarrow 1.6 = 200 \times \dfrac{2 \times 10^6 \times 0.75}{I_2} \times 10^{-8}$ $\Rightarrow I_2 = 1.875A$

(5) $e_1 = -L_1 \dfrac{\Delta I_1}{\Delta t} = -0.4 \times (-1) = 0.4(V)$

$e_2 = -M \dfrac{\Delta I_1}{\Delta t} = -0.6 \times (-1) = 0.6(V)$

例 4-16

$N_1 = 100$，$N_2 = 200$，$\phi_1 = 2 \times 10^6$ Line，$I_1 = 5A$，$I_2 = 1.875A$，(1)求 L_1，(2)求 L_2，(3)求耦合係數 K，(4)求互感量 M，(5)若 I_1 每秒遞減 1A，求 e_1 及 e_2。

解

(1) $L_1 = N_1 \dfrac{\Delta \phi_1}{\Delta I_1} = 100 \times \dfrac{2 \times 10^6}{5} \times 10^{-8} = 0.4(H)$

(2) $L_2 = \left(\dfrac{200}{100}\right)^2 \times 0.4 = 1.6(H)$

(3) $L_2 = N_2 \dfrac{\Delta \phi_2}{\Delta I_2}$ $\Rightarrow 1.6 = 200 \times \dfrac{\Delta \phi_2}{1.875} \times 10^{-8}$ $\Rightarrow \Delta \phi_2 = 1.5 \times 10^6$ Line

$K = \dfrac{\phi_2}{\phi_1} = \dfrac{1.5 \times 10^6}{2 \times 10^6} = 0.75$

(4) $M = K\sqrt{L_1 \times L_2} = 0.75 \times \sqrt{0.4 \times 1.6} = 0.6(\text{H})$

另解：$M = N_2 \dfrac{\Delta\phi_2}{\Delta I_1} = N_2 \dfrac{\Delta\phi_1 \times K}{\Delta I_1} = 200 \times \dfrac{2 \times 10^6 \times 0.75}{5} \times 10^{-8} = 0.6(\text{H})$

(5) $e_1 = -L_1 \dfrac{\Delta I_1}{\Delta t} = -0.4 \times (-1) = 0.4(\text{V})$

$e_2 = -M \dfrac{\Delta I_1}{\Delta t} = -0.6 \times (-1) = 0.6(\text{V})$

4.7 渦流（Eddy Current）

一、如圖 4-17(a)，將一鐵心置於變化的磁場中，因電磁感應會造成電流在鐵心內流動，此電流即稱渦流。

二、渦流會生熱，造成能量損失，此損失即稱渦流損失(Eddy current loss)

三、改善方法為將鐵心改為薄片(0.05～0.15mm)，片與片間塗上絕緣油，如圖 4-17(b)，則渦流減小，可降低渦流損失。

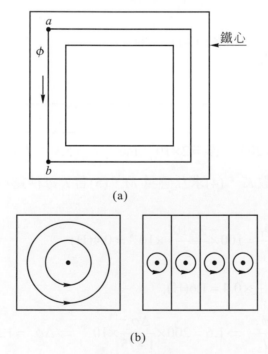

(a)

(b)

圖 4-17 渦流

1. 電路如圖(1)。$N_A = 500$，$N_B = 300$，$\phi_A = 4 \times 10^6$ Line，$\phi_B = 5 \times 10^5$ Line，求：
   (1)線圈 A 之自感量，(2)耦合係數，(3)互感量，(4)線圈 B 之自感量，(5)I_B。

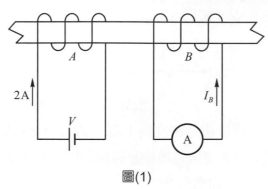

圖(1)

2. 電路如圖(2)，$N_A = 100$，$N_B = 200$，$\phi_A = 2 \times 10^6$ Line，求：
   (1)線圈 A 之自感量，(2)線圈 B 之自感量，(3)互感量，(4)耦合係數，
   (5)若 I_A 每秒遞減 1 安培，e_A 及 e_B 各是多少？

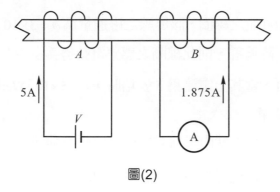

圖(2)

3. $L_1 = 200\text{mH}$，$N_1 = 50$，$L_2 = 400\text{mH}$，$N_2 = 100$，$K = 0.6$，求：
   (1)M，(2)若 $\dfrac{\Delta\phi_1}{\Delta t} = 450\text{mWeb/sec}$，求 e_1 及 e_2，(3)若 $\dfrac{\Delta I_1}{\Delta t} = 2\text{A/sec}$，求 e_1 及 e_2。

4. 請依附圖(3)推導彿來銘右手定則。

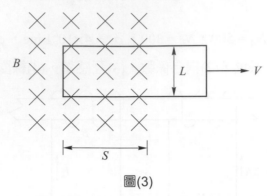

圖(3)

5. 一導線長 10cm，置於磁通密度為 1 韋/平方公分之均勻磁場中且與磁場方向夾 45 度角，若通以 5 安培電流則該導線受磁力若干？若磁場方向向前，電流方向向上，則受力方向為何？

6. 設一匝數為 1 之線圈置於 $\phi = 3 \times 10^{-2}$ Web 之磁場中，若在 0.1 秒內其 ϕ 值降為零，則其感應電動勢為若干？又若將此線圈通以 10A 電流，在 0.5 秒內斷電，其感應電動勢為 50V，求其自感量？

7. 一導線貫穿 100 匝之線圈，該導線之磁通量為 $\phi = 3 \times 10^{-2}$ Web。若在 0.1 秒內此磁通均勻下降為零，則此線圈之感應電動勢為多少？

8. 一線圈 400 匝，當其上電流為 5 安培時，$\phi = 5 \times 10^{-2}$ Web，求：
(1)線圈之自感量，
(2)線圈之電流在 0.5 秒內降為零所得之感應電動勢。

9. 某線圈匝數為 500，流過 5A 電流，產生 2.5×10^{6} Max 之磁通，求其自感量？又當該線圈匝數改為 600 時，自感量為多少？

10.如圖(4)所示，長 10 公分導線與均勻磁場呈垂直，若其 $B = 0.5$ 韋/ m^2，$I = 10A$ 時，其受力若干？

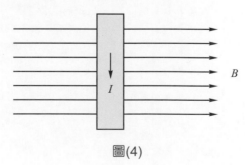

圖(4)

11. 如圖(5)所示，長 10 公分導線與均勻磁場呈 45°角度，若其 $B = 1$ 韋/ m^2，$I = 5A$ 時，其受力若干？

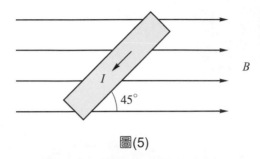

圖(5)

12. 如圖(6)所示，若此線圈在 0.1 秒內位移時，作用於其上之磁通量 ϕ 由 3×10^{-2} 韋伯降為 1×10^{-2} 韋伯，則其感應電動勢為若干？

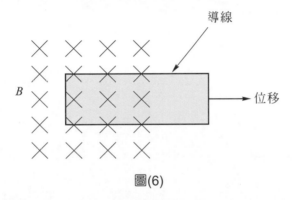

圖(6)

13. 若一線圈內，流有 10A 電流，在 0.5 秒內斷電，其感應電動勢為 50V，問其自感 L 若干？

14. 如圖(7)所示，線圈 A 為 500 匝，B 為 300 匝，線圈 A 流過 2 安培電流，產生磁通量為 4,000,000 線，流入線圈 B 之磁通量為 500,000 線，求：(1)線圈 A 和 B 的耦合係數 K 為若干？(2)兩線圈間之互感 M 為若干？

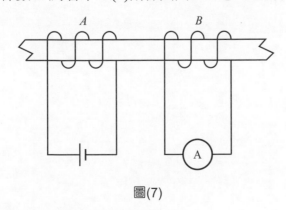

圖(7)

15. 電感為 2 H 的線圈 A，當電流變化時產生 5 V 的感應電勢，同時亦使相鄰的 B 線圈產生 2 V 的感應電勢，則 AB 兩線圈間的互感為多少？

Chapter 5

交流電之基本概念

一、交流電(Alternating Current, AC)

1. 指電源電壓的極性或電流的方向隨時間而變化者(並不考慮大小)。

2. 若此變化能週而復始,則稱週期性電壓(或電流),週而復始所需時間稱「週期(Period,T(秒/週))」,其倒數為頻率(Frequency,f(週/秒))。

3. 該電源(電壓或電流)的大小呈時間之正弦函數者,稱正弦波交流(Sinusoidal Alternating)。

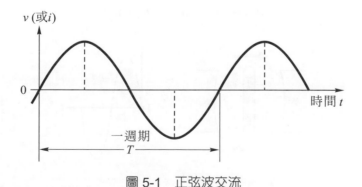

圖 5-1　正弦波交流

二、直流電(Direct Current, DC)

指電源電壓的極性或電流的方向不隨時間而變化者(不考慮大小)。

 ## 5.1 交變電勢之產生與正弦波

一、交變電勢之產生

如圖 5-2，一線圈在磁場中旋轉，根據彿來銘右手定則(發電機定則)，此線圈可感應出電動勢。

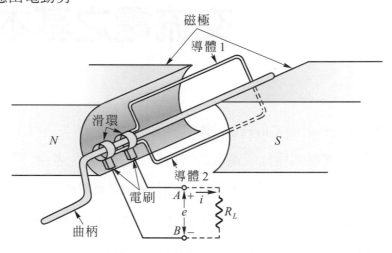

圖 5-2　在磁場中旋轉的線圈

該線圈於不同瞬間的感應電動勢可由圖 5-3 觀察而得，係一正弦波電動勢：

$$e = -N\ell vB\sin\theta = E_m \sin\theta$$

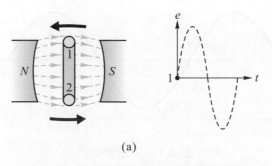

(a)

圖 5-3　線圈於不同瞬間的感應電動勢

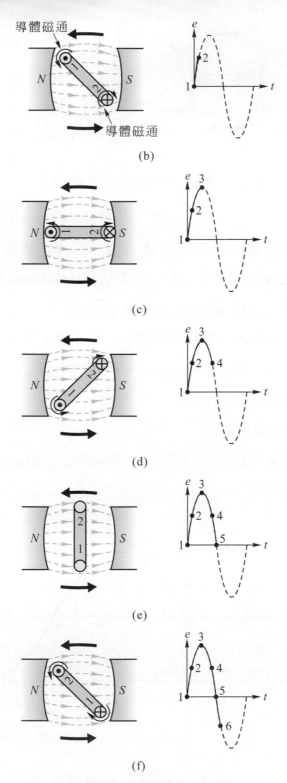

圖 5-3　線圈於不同瞬間的感應電動勢(續)

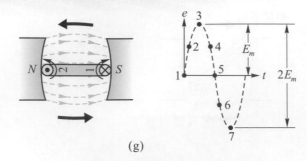

(g)

圖 5-3　線圈於不同瞬間的感應電動勢(續)

二、正弦波

1. 正弦波電壓的通式可寫成 $e = E_m \sin\theta$ (正弦波電流的通式則寫成 $i = I_m \sin\theta$)，其中 E_m (或 I_m)為最大值(Maximum Value)或波峰值(Peak Value)，亦即當 $\theta = 90°$ 時的弦波值(因為 $-1 \leq \sin\theta \leq 1$，最大值為 1)。

2. 圖 5-3 中線圈的感應電動勢為 $e = E_m \sin\theta$，其中 θ 為線圈的角位移(以圖 5-3a 的位置為原點，$\theta = 0°$)，亦是佛來銘右手定則中磁場($\vec{B}$)與線圈切線速度($\vec{v}$)的夾角。

3. 時間函數與角速度

   線圈每轉一圈的位移量是 2π，剛好對應感應電動勢為一個週期(T)，如圖 5-4 所示。

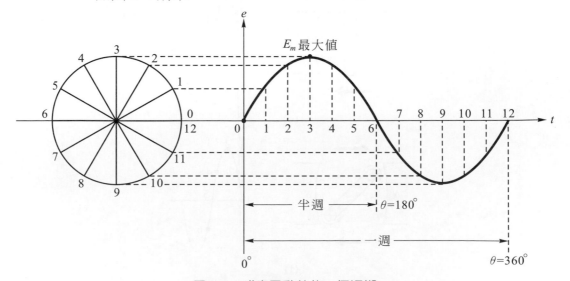

圖 5-4　感應電動勢的一個週期

線圈的角速度(Angular speed) ω 係指單位時間內線圈發生的角位移 $\omega = \dfrac{\theta}{t}$ ，所以 $\theta = \omega t$ ，因而一正弦波可由角度的函數寫成時間的函數：

$e = E_m \sin \theta = E_m \sin \omega t$ 。

而 T 時間內發生的位移是 2π ，所以 $\omega = \dfrac{\theta}{t} = \dfrac{2\pi}{T}$ ，又頻率為週期的倒數 $f = \dfrac{1}{T}$ ，故 $\omega = 2\pi f$ 。

綜上可得：

$$e = E_m \sin \theta = E_m \sin \omega t = E_m \sin 2\pi f t = E_m \sin \dfrac{2\pi}{T} t$$

例 5-1

一頻率為 60Hz 之正弦交流電其角速度為多少？

解 $\omega = 2\pi f = 2\pi \times 60 = 377 (\text{rad/s})$

例 5-2

一正弦波 5 週耗時 4μs，求其(1)週期、(2)頻率、(3)角速度、(4)在 0.5μs 時所經過的角度？

解
(1) $T = \dfrac{4\mu s}{5} = 0.8\mu s$

(2) $f = \dfrac{1}{T} = \dfrac{1}{0.8\mu s} = \dfrac{1}{0.8 \times 10^{-6} s} = 1.25 \times 10^6 \, \text{Hz} = 1.25 \text{MHz}$

(3) $\omega = 2\pi f = 2\pi \times (1.25 \times 10^6) = 7.854 \times 10^6 (\text{rad/s})$

(4) $\theta = \omega t = (7.854 \times 10^6) \times (0.5 \times 10^{-6}) = 3.93 (\text{rad})$

5.2　交變電勢的表示法

因為交變電勢的大小隨時間而改變(所以有頻率)，並不像平坦的直流電勢始終維持在一定值。為了描述的方便與實用，下列幾種規格是表示交變電勢常用的方法。

一、瞬時值(Instantaneous value)

如圖 5-2，一線圈感應出之電動勢係一時間函數：

$e(t) = E_m \sin \omega t = E_m \sin 2\pi f t$，故任一交變電勢可直接以描述其隨時間變化的數學式(時間函數)來表示。將指定之時間代入該時間函數，即可得該時間相對應之電勢值。

例 5-3

最大值為 23V、頻率為 60Hz 之正弦交流電，求於時間(1) t = 2sec，(2) t = 1.34sec 時該信號之大小？

 (1)　$e(t) = E_m \sin 2\pi f t = 23 \times \sin(2\pi \times 60 \times 2) = 0 (\text{V})$

(2)　$e(t) = E_m \sin 2\pi f t = 23 \times \sin(2\pi \times 60 \times 1.34) = 13.52 (\text{V})$

二、最大值(Maximum value, Peak value)

交變電勢亦可以其一週期中之最大值來描述。例如：$e(t) = 100 \sin 2\pi f t$ 可描述為：「最大值為 100 之正弦波」。正弦函數前之係數即為該函數之最大值。

三、平均值(Average value)

1.　定義：波形面積除以底長。

2.　上下對稱的信號(如正弦波)因正、負半波的波形面積相等，故一週期的平均值為零。因而計算對稱信號的平均值時，僅討論半週期。

3.　正弦波的平均值：

$$I_{avg} = \frac{\int_0^{T/2} i(t)dt}{\frac{T}{2}} = \frac{\int_0^{T/2} I_m \sin(2\pi f t)dt}{\frac{T}{2}} = \frac{2}{\pi} I_m$$

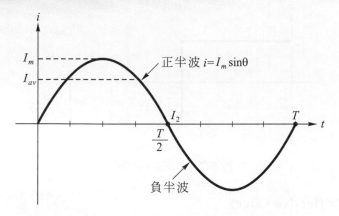

圖 5-5 正弦波的平均值

4. 三角波(鋸齒波)的平均值：

$$I_{avg} = \frac{\dfrac{T \times I_m}{2}}{T} = \frac{1}{2} I_m$$

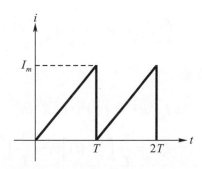

圖 5-6 三角波(鋸齒波)的平均值

5. 方波(矩形波)的平均值：

$$I_{avg} = \frac{\dfrac{T}{2} \times I_m}{\dfrac{T}{2}} = I_m$$

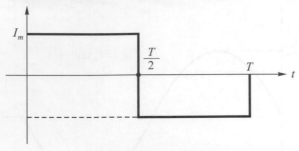

圖 5-7　方波的平均值

四、有效值(Effective value)

1.　定義：相等時間內，一交流(變)電通過某電阻所生之熱(所作之功)與一直流電通過該電阻所生之熱(所作之功)相等時，此直流電之值即為該交流(變)電之有效值。

2.　因為 $P = \dfrac{W}{t} = i^2 R$，所以 $W = i^2 Rt$。現取一週期 T 之時間，則

$$W_{ac} = \int_0^T \left[i^2(t) \times R \right] dt \ , \ W_{dc} = I^2 RT$$

3.　正弦波的有效值：

(1)　$W_{dc} = W_{ac} \Rightarrow I_{eff}{}^2 RT = \int_0^T \left[i^2(t) \times R \right] dt$

$\Rightarrow I_{eff}{}^2 = \dfrac{1}{T} \int_0^T \left[i^2(t) \right] dt = \dfrac{1}{T} \int_0^T \left(I_m \sin \omega t \right)^2 dt$

$= \dfrac{I_m{}^2}{T} \int_0^T \left(\sin^2 \omega t \right) dt$

$= \dfrac{I_m{}^2}{2}$

$\Rightarrow I_{eff} = \sqrt{\dfrac{I_m{}^2}{2}} = \dfrac{I_m}{\sqrt{2}}$

$\Rightarrow$ 正弦波之最大值為有效值之 $\sqrt{2}$ 倍：$I_m = \sqrt{2} I_{eff}$

(2)　因為 $I_{eff}{}^2 = \dfrac{1}{T} \int_0^T \left[i^2(t) \right] dt$，所以 $I_{eff} = \sqrt{\dfrac{1}{T} \int_0^T \left[i^2(t) \right] dt}$，係將交變電之值平均(除以 T)、平方、開根號之後得到的，所以有效值又稱「均方根值」。而英文稱此三運算的順序為root、mean、square，取此三英文字之第一字母，故稱「rms值」。

4. 三角波(鋸齒波)的有效值：

由圖 5-6，該三角波之方程式為 $i(t) = \dfrac{I_m}{T} \times t$，所以三角波(鋸齒波)的有效值：

$$I_{eff} = \sqrt{\frac{1}{T}\int_0^T \left[i^2(t)\right]dt} = \sqrt{\frac{1}{T}\int_0^T \left[\frac{I_m}{T}\times t\right]^2 dt}$$

$$= \sqrt{\frac{1}{T}\times\left(\frac{I_m}{T}\right)^2 \int_0^T [t]^2 dt} = \sqrt{\frac{1}{T}\times\left(\frac{I_m}{T}\right)^2 \times \frac{T^3}{3}} = \frac{I_m}{\sqrt{3}}$$

$\Rightarrow$ 三角波(鋸齒波)之最大值為有效值之 $\sqrt{3}$ 倍：$I_m = \sqrt{3}\,I_{eff}$

5. 方波(矩形波)的有效值：

由圖 5-7，該方波之方程式為 $i(t) = \begin{cases} I_m\,, t = 0 \sim T/2 \\ -I_m\,, t = T/2 \sim T \end{cases}$，所以方波的有效值：

$$I_{eff} = \sqrt{\frac{1}{T}\int_0^T \left[i^2(t)\right]dt} = \sqrt{\frac{1}{T}\left[\left(\int_0^{T/2}[I_m]^2 dt\right)+\left(\int_{T/2}^T [-I_m]^2 dt\right)\right]} = \sqrt{\frac{1}{T}\times\left(I_m^2 \times T\right)} = I_m$$

$\Rightarrow$ 方波之最大值等於有效值：$I_m = I_{eff}$

五、最大值、平均值、有效值之間的關係

正弦波、三角波、方波等信號之最大值、平均值、有效值之間的關係可歸納於表 5-1。

表 5-1　最大值、平均值、有效值之間的關係

	最大值 I_m	平均值 I_{avg}	有效值 I_{eff}
正弦波	I_m	$I_{avg} = \dfrac{2}{\pi}I_m$	$I_{eff} = \dfrac{1}{\sqrt{2}}I_m$
三角波(鋸齒波)	I_m	$I_{avg} = \dfrac{1}{2}I_m$	$I_{eff} = \dfrac{1}{\sqrt{3}}I_m$
方波(矩形波)	I_m	$I_{avg} = I_m$	$I_{eff} = I_m$

例 5-4

一正弦交流電流之最大值為 100mA，求其(1)平均值，(2)有效值之大小？

 (1) $I_{avg} = \dfrac{2}{\pi} I_m = \dfrac{2}{\pi} \times 100 = 63.66(\text{mA})$

(2) $I_{eff} = I_{rms} = \dfrac{1}{\sqrt{2}} I_m = \dfrac{1}{\sqrt{2}} \times 100 = 70.71(\text{mA})$

例 5-5

一信號如圖 5-8，求該信號之(1)平均值，(2)有效值之大小？

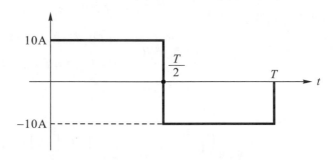

圖 5-8　例題 5-4 的信號波形

 (1) $I_{avg} = \dfrac{\dfrac{T}{2} \times 10}{\dfrac{T}{2}} = 10(\text{A})$

(2) $I_{eff} = \sqrt{\dfrac{1}{T} \int_0^T \left[i^2(t) \right] dt} = \sqrt{\dfrac{1}{T} \left[\left(\int_0^{T/2} (10)^2 \, dt \right) + \left(\int_{T/2}^T (-10)^2 \, dt \right) \right]}$

$= \sqrt{\dfrac{1}{T} \times \left[\left(10^2 \times \dfrac{T}{2} \right) + \left((-10)^2 \times \dfrac{T}{2} \right) \right]} = 10(\text{A})$

例 5-6

一信號如圖 5-9，求該信號之(1)平均值，(2)有效值之大小？

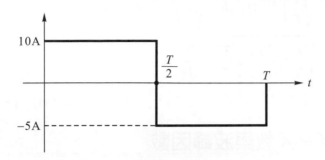

圖 5-9　例題 5-5 的信號波形

解

(1) $I_{avg} = \dfrac{\left(\dfrac{T}{2}\times 10\right)+\left(\dfrac{T}{2}\times(-5)\right)}{T} = \dfrac{5}{2}(\text{A})$

(2) $I_{eff} = \sqrt{\dfrac{1}{T}\int_0^T \left[i^2(t)\right]dt} = \sqrt{\dfrac{1}{T}\left[\left(\int_0^{T/2}(10)^2\,dt\right)+\left(\int_{T/2}^T(-5)^2\,dt\right)\right]}$

$= \sqrt{\dfrac{1}{T}\times\left[\left(10^2\times\dfrac{T}{2}\right)+\left((-5)^2\times\dfrac{T}{2}\right)\right]} = 7.91(\text{A})$

例 5-7

一信號如圖 5-10，求該信號之(1)平均值，(2)有效值之大小？

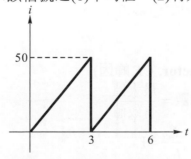

圖 5-10　例題 5-6 的信號波形

解 (1) $I_{avg} = \dfrac{\left(\dfrac{3 \times 50}{2}\right)}{3} = 25(A) = \dfrac{1}{2} I_m$

      (2) $I_{eff} = \sqrt{\dfrac{1}{T} \displaystyle\int_0^T \left[i^2(t) \right] dt} = \sqrt{\dfrac{1}{3} \displaystyle\int_0^3 \left[\dfrac{50}{3} \times t \right]^2 dt}$

             $= \sqrt{\dfrac{1}{3} \times \left(\dfrac{50}{3}\right)^2 \times \dfrac{3^3}{3}} = \dfrac{50}{\sqrt{3}}(A) = \dfrac{I_m}{\sqrt{3}}$

5.3 波形因數與波峰因數

一、波形因數(Form Factor, *FF* 形因)

1. 定義：波形因數 $= \dfrac{\text{有效值}}{\text{平均值}}$

2. 矩形波之 $FF = \dfrac{I_{eff}}{I_{avg}} = 1$

3. 正弦波之 $FF = \dfrac{I_{eff}}{I_{avg}} = \dfrac{\dfrac{I_m}{\sqrt{2}}}{\dfrac{2}{\pi} I_m} = 1.111$

4. 三角波之 $FF = \dfrac{I_{eff}}{I_{avg}} = \dfrac{\dfrac{I_m}{\sqrt{3}}}{\dfrac{1}{2} I_m} = 1.155$

5. 波形愈平坦則 *FF* 愈接近 1

二、波峰因數(Crest Factor, *CF* 峰因)

1. 定義：波峰因數 $= \dfrac{\text{最大值}}{\text{有效值}}$

2. 矩形波之 $CF = \dfrac{I_m}{I_{eff}} = 1$

3. 正弦波之 $CF = \dfrac{I_m}{I_{eff}} = \dfrac{I_m}{\dfrac{I_m}{\sqrt{2}}} = \sqrt{2}$

4. 三角波之 $CF = \dfrac{I_m}{I_{eff}} = \dfrac{I_m}{\dfrac{I_m}{\sqrt{3}}} = \sqrt{3}$

5. 一般交變電勢之公稱電壓(流)值均指 rms 值，故

　　最大值 = rms值 × CF

5.4　相位(Phase)

一、一正弦電流可表示為：$i(t) = I_m \sin\theta = I_m \sin\omega t$，當 $t = 0$ 時之 θ 值稱為該電勢(電流或電壓)之初相角(Initial phase angle)，或簡稱相角(Phase angle)，或相位角。

二、若初相角為 α，則 $i(t) = I_m \sin(\theta + \alpha) = I_m \sin(\omega t + \alpha)$，設

1. $\alpha - 90° = \dfrac{\pi}{2}$，則 $i(t) = I_m \sin\left(\omega t + \dfrac{\pi}{2}\right)$

2. $\alpha = -90° = -\dfrac{\pi}{2}$，則 $i(t) = I_m \sin\left(\omega t - \dfrac{\pi}{2}\right)$

三、波形間相較，初相角大者稱為相位超前(Phase lead，或稱相位領先)，初相角小者稱為相位落後(Phase lag)。如圖 5-11，$\left[e_1 = 10\sin\left(\omega t + \dfrac{\pi}{2}\right)\right]$ 領先 $[i_1 = 10\sin\omega t]$ 90°；$\left[i_2 = 10\sin\left(\omega t - \dfrac{\pi}{2}\right)\right]$ 落後 $[i_1 = 10\sin\omega t]$ 90°。

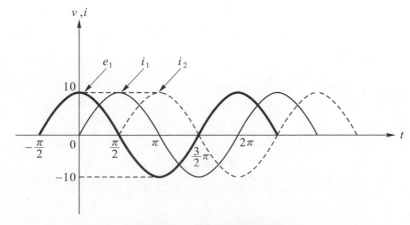

圖 5-11　相位領先與落後

四、相角相同之信號謂之「同相(位)，In phase」，如圖 5-12 的信號；相角不同之信號謂之「異相(位)，Out of phase」，如圖 5-11 之信號。

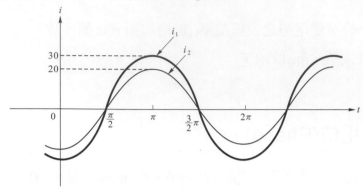

圖 5-12　同相信號

五、正弦波之大小與相位可以「相量(Phasor)」來表示。

1.　$i(t) = I_m \sin(\theta + \alpha) = I_m \sin(\omega t + \alpha)$ 可以相量表示為 $i(t) = I_m \angle \alpha$，其中 I_m 為該正弦信號之最大值(I_m 也有採用該正弦信號之有效值的表示法，請參考其他書籍)，α 為其初相角。

2.　相量間之運算可以極座標的概念運算之，如此方便正弦電勢間之相互作用的運算。

Note：「相量(Phasor)」係一與時間相關的量，而「向量(Vector)係一與空間方向有關的量」，兩者不同。

 ## 5.5　直角座標與極座標

一、如圖 5-13 所示之平面稱為「複數平面」，以 x 軸(橫軸)為實軸，以 y 軸(縱軸)為虛軸。該平面上有一點 P，P 點位置的直角座標表示為(x, y)，極座標則表示為$r\angle\theta$。

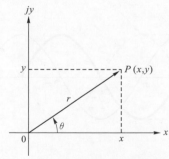

圖 5-13　直角座標與極座標

二、直角座標與極座標間可互換

1. 由直角座標換成極座標

$$r = \sqrt{x^2 + y^2}$$

$$\theta = \tan^{-1}\frac{y}{x}$$

2. 由極座標換成直角座標

$$x = r\cos\theta$$

$$y = r\sin\theta$$

三、極座標間的計算

設 $V_1 = v_1\angle\theta_1$、$V_2 = v_2\angle\theta_2$，則

1. $V_1 \times V_2 = (v_1 \times v_2)\angle(\theta_1 + \theta_2)$
2. $V_1 \div V_2 = (v_1 \div v_2)\angle(\theta_1 - \theta_2)$
3. $(V_1)^n = (v_1)^n \angle(n \times \theta_1)$

例 5-8

(1)將 $3 + j3$ 換成極座標，(2)將 $67\angle63°$ 換成直角座標。

解　(1) $r = \sqrt{3^2 + 3^2} = 4.24$

$\theta = \tan^{-1}\dfrac{3}{3} = 45°$　$\Rightarrow 3 + j3 = 4.24\angle45°$

(2) $x = 67\cos63° = 30.42$

$y = 67\sin63° = 59.70$　$\Rightarrow 67\angle63° = 30.42 + j59.70$

例 5-9

$i_1 = 5\sin\omega t$，$i_2 = 10\sin\omega t$，求 $i_1 + i_2$。

解 解法(1) $i_1 + i_2 = 5\sin\omega t + 10\sin\omega t = (5+10)\sin\omega t = 15\sin\omega t$

解法(2) $i_1 = 5\sin\omega t = 5\angle 0°$

$i_2 = 10\sin\omega t = 10\angle 0°$

$i_1 + i_2 = 5\angle 0° + 10\angle 0° = 15\angle 0° = 15\sin\omega t$

Note：同相位之相量可直接相加減。

例 5-10

$i_1 = 5\sin\omega t$，$i_2 = 10\sin(\omega t + 60°)$，求 $i_1 + i_2$。

解 解法(1) $i_2 = 10\sin(\omega t + 60°) = 10(\sin\omega t\cos 60° + \sin 60°\cos\omega t)$

$= 10(\sin\omega t \times 0.5 + 0.866\cos\omega t)$

$= 5\sin\omega t + 8.66\cos\omega t$

$i_1 + i_2 = 5\sin\omega t + (5\sin\omega t + 8.66\cos\omega t) = 10\sin\omega t + 8.66\cos\omega t$

$= \sqrt{10^2 + 8.66^2}\sin\left(\omega t + \tan^{-1}\frac{8.66}{10}\right)$

$= 13.23\sin(\omega t + 40.90°)$

Note：因為公式 $\sin(\alpha + \beta) = \sin\alpha\cos\beta + \sin\beta\cos\alpha$，現欲計算 $A\sin\alpha + A\cos\alpha$，與公式比較，可知 A 應為 $\cos\beta$ 的形式、B 應為 $\sin\beta$ 的形式。如圖 5-13，將 A 設為底邊、B 設為對邊，則斜邊為 $\sqrt{A^2 + B^2}$，$\beta = \tan^{-1}\frac{B}{A}$。

所以 $\cos\beta = \dfrac{A}{\sqrt{A^2 + B^2}} \Rightarrow A = \cos\beta \times \sqrt{A^2 + B^2}$

$\sin\beta = \dfrac{B}{\sqrt{A^2 + B^2}} \Rightarrow B = \sin\beta \times \sqrt{A^2 + B^2}$

代回原式，得 $A\sin\alpha + B\cos\alpha = \left(\cos\beta \times \sqrt{A^2 + B^2}\right)\sin\alpha + \left(\sin\beta \times \sqrt{A^2 + B^2}\right)\cos\alpha$

$$= \sqrt{A^2 + B^2}\left(\sin\alpha\cos\beta + \sin\beta\cos\alpha\right)$$

$$= \sqrt{A^2 + B^2}\sin(\alpha + \beta)$$

$$= \sqrt{A^2 + B^2}\sin\left(\alpha + \tan^{-1}\frac{B}{A}\right)$$

解法(2) $i_1 = 5\sin\omega t = 5\angle 0° = 5 + j0$

$i_2 = 10\sin\left(\omega t + 60°\right) = 10\angle 60° = \left(10\cos 60°\right) + j\left(10\sin 60°\right) = 5 + j8.66$

$i_1 + i_2 = \left(5 + j0\right) + \left(5 + j8.66\right) = 10 + j8.66$

$$= \sqrt{10^2 + 8.66^2}\angle\tan^{-1}\frac{8.66}{10}$$

$$= 13.23\angle 40.90°$$

$$= 13.23\sin\left(\omega t + 40.90°\right)$$

例 5-11

$v_1 = 2\sin\omega t$，$v_2 = 4\sin\left(\omega t + 30°\right)$，求(1) $\dfrac{v_1}{v_2}$，(2) $v_1 \times v_2$，(3) $v_1^{\,3}$，(4) $v_2^{\,2}$。

 $v_1 = 2\sin\omega t = 2\angle 0°$，$v_2 = 4\sin\left(\omega t + 30°\right) = 4\angle 30°$

(1) $\dfrac{v_1}{v_2} = \dfrac{2}{4}\angle\left(0° - 30°\right) = 0.5\angle -30°$

(2) $v_1 \times v_2 = \left(2\times 4\right)\angle\left(0° + 30°\right) = 8\angle 30°$

(3) $v_1^{\,3} = 2^3\angle\left(3\times 0°\right) = 8\angle 0°$

(4) $v_2^{\,2} = 4^2\angle\left(2\times 30°\right) = 16\angle 60°$

例 5-12

某電源之電壓 $v(t) = 10\sin(\omega t + 30°)$、電流 $i(t) = 5\sin(\omega t + 60°)$，求 (1) 功率 $P(t)$，(2)電壓與電流的和。以上結果均需以下列形式表示(1)相量，(2)複數，(3)正弦函數。

解 $v(t) = 10\sin(\omega t + 30°) = 10\angle 30°$，$i(t) = 5\sin(\omega t + 60°) = 5\angle 60°$

(1) $P(t) = v(t) \times i(t) = 10\angle 30° \times 5\angle 60°$

$\qquad = 50\angle 90°\,(相量形式)$

$\qquad = 50\sin(\omega t + 90°)\,(正弦函數形式)$

$\qquad = 0 + j50\,(複數形式)$

(2) $v(t) + i(t) = (10\cos 30° + j10\sin 30°) + (5\cos 60° + j5\sin 60°)$

$\qquad = (8.66 + j5) + (2.5 + j4.33)$

$\qquad = 11.16 + j9.33\,(複數形式)$

$\qquad = \sqrt{11.16^2 + 9.33^2}\angle\tan^{-1}\dfrac{9.33}{11.16} = 14.55\angle 39.90°\,(相量形式)$

$\qquad = 14.55\sin(\omega t + 39.90°)\,(正弦函數形式)$

題

1. $I_1 = 10\angle 90°$，$I_2 = 20\angle 45°$，求：

   (1) $I_1 + I_2$，

   (2) $I_1 \times I_2$。均以正弦函數型式表示。

2. 電源信號如圖(1)。求：

   (1)瞬時電壓 $V(t)$，(2)V_{av}，(3)V_{eff}，(4) $t = 1$sec 時之電壓值，

   (5)波峰因數，(6)波形因數。

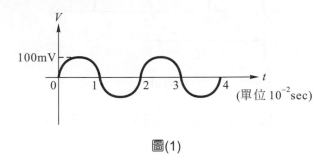

圖(1)

3. 某正弦電壓之最大振幅為 100V，週期為 1/60 秒，且在 $t = 0$ 時之相角為 30°，
   求：

   (1)該電壓之瞬時值？

   (2)在 $t = 0$ 時之電壓值？

4. 電源信號如圖(2)。求：

   (1)瞬時電壓 $V(t)$，(2)V_{av}，(3)V_{eff}，(4)V_{max}，(5)波峰因數，(6)波形因數。

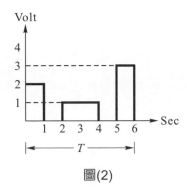

圖(2)

5. 某電源之電壓 $v(t) = 10\sin(\omega t + 30°)$、電流 $i(t) = 5\sin(\omega t + 60°)$，求：

(1)功率 $P(t)$，(2)電壓與電流的和。

以上結果均需以下列形式表示(1)相量，(2)複數，(3)正弦函數。

6. 試求圖(3)中電流波的(1)平均值，(2)有效值？

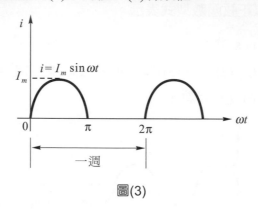

圖(3)

7. 求出下列各正弦波之波幅、頻率、週期、角速度、初相角：

(1) $25\sin 377t$

(2) $17\sin(157t - 60°)$

(3) $40\cos 75t$

(4) $90\cos(20t + 160°)$

8. 一正弦電壓 $e = 200\sin 120\pi t$，求其(1)週期，(2)頻率，(3)角速度，(4)最大值，(5)有效值，(6)平均值，(7)波形因數，(8)波峰因數？

9. $e_1 = 100\sin(2\pi 50t - 75°)$，$e_2 = 120\sin(2\pi 50t - 105°)$。

求：

(1)合成電壓 e_3，

(2) e_1 與 e_3 的夾角，

(3) e_2 與 e_3 的夾角，

(4) e_3 的均方根值。

Chapter **6**

交流基本電路

6.1 *RLC*(Resistor, Inductor, Capacitor)電路

一、純電阻電路

如圖6-1，一電流 i 流經一電阻 R，設 $i(t) = I_m \sin \omega t = I_m \angle 0°$，則該電阻兩端之電壓(電位差) v_R 可寫成：

$$v_R(t) = \left(I_m \sin \omega t\right) \times R = \left(I_m \times R\right) \sin \omega t = V_m \sin \omega t = V_m \angle 0°$$

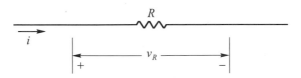

圖 6-1 電阻之電流與電壓

觀察上式可知：

1. 於純電阻電路中，電壓與電流同相(無相位差)。

2. 可將電阻視爲相角爲 0° 之元件。

純電阻電路中之電壓 v_R 與電流 i 間的相位與角度關係示於圖 6-2。

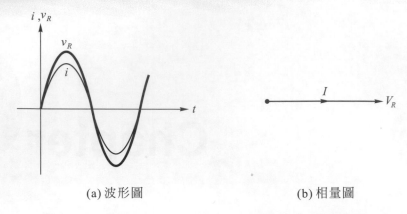

(a) 波形圖　　　　　　　(b) 相量圖

圖 6-2　純電阻電路中之電壓與電流間的相位與角度關係

例 6-1

如圖 6-3，求 i，(1)若 $e = 100\angle 0° \text{ V}$，(2)若 $e = 100\angle 20° \text{ V}$。

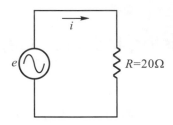

圖 6-3　例題 6-1 的電路

解 (1)　$i = \dfrac{e}{R} = \dfrac{100\angle 0°}{20\angle 0°} = 5\angle 0°(\text{A})$

(2)　$i = \dfrac{e}{R} = \dfrac{100\angle 20°}{20\angle 0°} = 5\angle 20°(\text{A})$

二、純電感電路

如圖 6-4，一電流 i 流經一電感 L，設 $i(t) = I_m \sin \omega t = I_m \angle 0°$，則該電感兩端之電壓(電位差) v_L 與其自感電動勢大小相等、方向相反：

$$v_L(t) = -e_L$$

$$= -\left(-L\frac{di}{dt}\right) = L\frac{d}{dt}\left(I_m \sin \omega t\right) = L\left(I_m \cos \omega t \times \omega\right)$$

$$= \omega L I_m \cos \omega t = V_m \cos \omega t$$

$$= V_m \sin\left(\omega t + 90°\right) = V_m \angle 90°$$

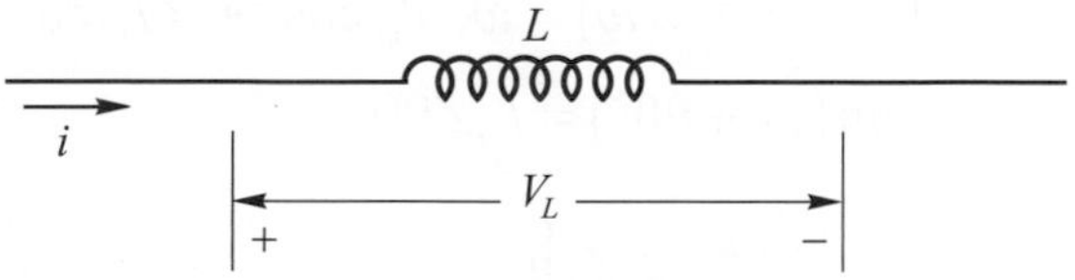

圖 6-4　電感之電流與電壓

觀察上式可知：

1. 於純電感電路中，電壓會領先電流(i.e.電流會落後電壓)90°。

2. 可將電感視為相角為 90° 之元件。

3. 電感的阻抗 $= \dfrac{v_L}{i} = \dfrac{V_m \angle 90°}{I_m \angle 0°} = \dfrac{\omega L I_m \angle 90°}{I_m \angle 0°} = \omega L \angle 90°$

　　因電感阻抗的相位角為 90°，與相位角為 0° 之電阻不同，故不再稱此類的阻抗為「電阻(Resistance，R)」，而稱為「電抗(Reactance，X)」。因該電抗係由電感所產生，故稱「感抗」以符號 X_L 表示，於 X-Y 平面位在正虛軸。

4. $X_L = \omega L \angle 90° = 2\pi f L \angle 90° = jX_L$，故電感為低通(Low-pass)元件，通過電感的信號頻率 f 越低則感抗 X_L 越小。

純電感電路中之電壓 v_L 與電流 i 間的相位與角度關係示於圖 6-5。

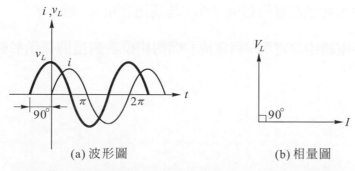

(a) 波形圖　　　　　　(b) 相量圖

圖 6-5　純電感電路中之電壓與電流間的相位與角度關係

三、純電容電路

如圖 6-6，將一電壓 v 加於電容 C 兩端，設 $v(t) = V_m \sin \omega t = V_m \angle 0°$，則有一電流 i_C 流過該電容，i_C 可寫成：

$$i_C(t) = \frac{dQ}{dt} = \frac{d(C \times v)}{dt} = C\frac{dv}{dt} = C\frac{d}{dt}(V_m \sin \omega t)$$
$$= C(V_m \cos \omega t \times \omega) = \omega C V_m \cos \omega t = I_m \cos \omega t$$
$$= I_m \sin(\omega t + 90°) = I_m \angle 90°$$

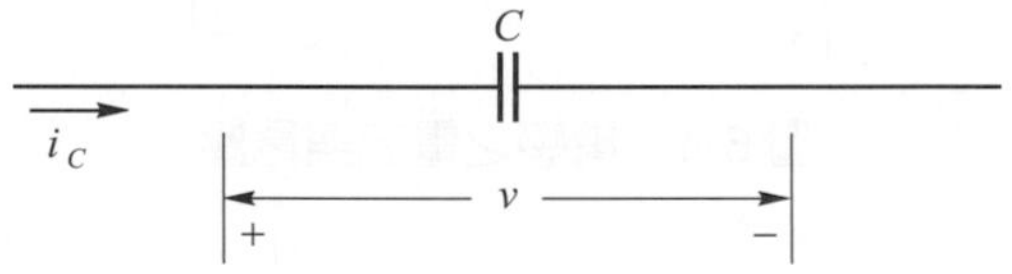

圖 6-6　電容之電流與電壓

觀察上式可知：

1.　於純電容電路中，電流會領先電壓(i.e.電壓會落後電流)90°。

2.　可將電容視為相角為(−90°)之元件。

3.　電容的阻抗 $= \dfrac{v}{i_C} = \dfrac{V_m \angle 0°}{I_m \angle 90°} = \dfrac{V_m \angle 0°}{\omega C V_m \angle 90°} = \dfrac{1}{\omega C} \angle -90°$

　　因電容阻抗的相位角為(−90°)，與相位角為 0° 之電阻不同，故不再稱此類的阻抗為「電阻(Resistance，R)」，而稱為「電抗(Reactance，X)」。因該電抗係由電容所產生，故稱「容抗」以符號 X_C 表示，於 X-Y 平面位在負虛軸。

4.　$X_C = \dfrac{1}{\omega C} \angle -90° = \dfrac{1}{2\pi f C} \angle -90° = -jX_C$，故電容為高通(High-pass)元件，通過電容的信號頻率 f 越高則容抗 X_C 越小。

純電容電路中之電壓 v 與電流 i_C 間的相位與角度關係示於圖 6-7。

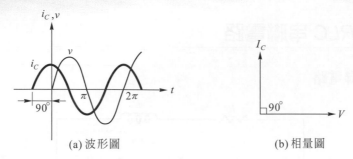

(a) 波形圖　　　　　　　　(b) 相量圖

圖 6-7　純電容電路中之電壓與電流間的相位與角度關係

四、RLC 電路的主動與被動元件

1. 主動元件(Active element)：提供能量之元件(Power supplier)，亦即電源。

電源
(Power Source)
{
(1) 電壓源(Voltage Source)：供應固定電壓之電源。
　　又可分為：① 直流電壓源
　　　　　　　　② 交流電壓源
(2) 電流源(Current Source)：供應固定電流之電源。
}

2. 被動元件(Passive element)：消耗能量之元件(Power consumer)，亦即阻抗。

阻抗
(Impedance，Z)
{
(1) 電阻(Resistance, R)：位於阻抗平面之正實軸，單位：歐姆(Ω)。

(2) 電抗(Reactance, X)：位於阻抗平面之虛軸，單位：歐姆(Ω)。

① 感抗(X_L)：$X_L = 2\pi f L$，由電感產生，位於阻抗平面之正虛軸。其中 L 為電感值，單位：亨利(H)；f 為通過電感之信號頻率。

② 容抗(X_C)：$X_C = \dfrac{1}{2\pi f C}$，由電容產生，位於阻抗平面之負虛軸。其中 C 為電容值，單位：法拉(F)；f 為通過電容之信號頻率。
}

6.2 RLC 串聯電路

一、RL 串聯電路

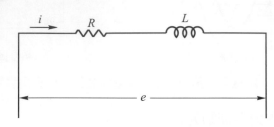

圖 6-8 RL 串聯電路

1. 如圖 6-8，RL 串聯後之電路中有電阻亦有電抗，故兩者合稱阻抗。RL 串聯後之總阻抗(Z)：

$$Z = R + jX_L = \sqrt{R^2 + X_L^2} \angle \tan^{-1} \frac{X_L}{R} = Z \angle \theta$$

其中：$Z = \sqrt{R^2 + X_L^2}$ 稱為阻抗值

$\theta = \tan^{-1} \dfrac{X_L}{R}$ 稱為阻抗角

因 X_L 之角度為 $(+90°)$、R 之角度為 $0°$，所以 RL 串聯後之總阻抗一定在第一象限，阻抗角 $\theta > 0$。如圖 6-9 所示。

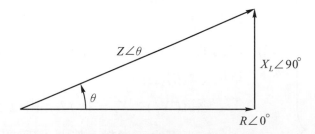

圖 6-9 RL 串聯後之總阻抗

2. 若 $e = E \angle 0°$，則 $i = \dfrac{E \angle 0°}{Z \angle \theta} = I_m \angle -\theta$，故 RL 串聯電路中，電流落後電壓 θ，如圖 6-10 所示。

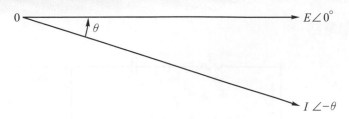

圖 6-10 *RL* 串聯後之電流落後電壓 θ

例 6-2

如圖 6-11，求(1) Z ，(2) i ，(3) e_R ，(4) e_L 。

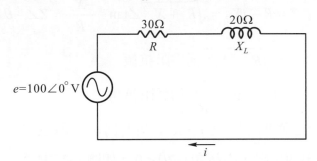

圖 6-11 例題 6-2 的電路

解 (1) $Z = R + jX_L = 30 + j20 = \sqrt{30^2 + 20^2} \angle \tan^{-1} \frac{20}{30} = 36\angle 33.69°(\Omega)$

(2) $i = \dfrac{e}{Z} = \dfrac{100\angle 0°}{36\angle 33.69°} = 2.77\angle -33.69°(\text{A})$

(3) $e_R = i \times R = 2.77\angle -33.69° \times 30\angle 0° = 83.33\angle -33.69°(\text{V})$
$\qquad = 69.27 - j46.22(\text{V})$

(4) $e_L = i \times X_L = 2.77\angle -33.69° \times 20\angle 90° = 55.4\angle 56.31°(\text{V})$
$\qquad = 30.73 + j46.22(\text{V})$

[Check]：

KVL： $e_L + e_R = (30.73 + j46.22) + (69.27 - j46.22) = 100 + j0 = 100\angle 0°(\text{V}) = e$

二、RC 串聯電路

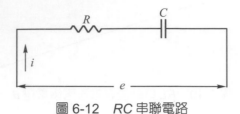

圖 6-12　RC 串聯電路

1.　如圖 6-12，RC 串聯後之電路中有電阻亦有電抗，故兩者合稱阻抗。
RC 串聯後之總阻抗(Z)：

$$Z = R - jX_C = \sqrt{R^2 + X_C^2} \angle \tan^{-1} \frac{-X_C}{R} = Z \angle -\theta \ (\theta \text{爲正值})$$

其中：$Z = \sqrt{R^2 + X_C^2}$ 稱爲阻抗值

$(-\theta) = \tan^{-1} \dfrac{-X_C}{R}$ 稱爲阻抗角

因 X_C 之角度爲$(-90°)$、R 之角度爲$0°$，所以 RC 串聯後之總阻抗一
定在第四象限，阻抗角$(-\theta) < 0$。如圖 6-13 所示。

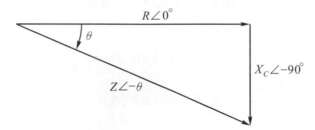

圖 6-13　RC 串聯後之總阻抗

2.　若 $e = E \angle 0°$，則 $i = \dfrac{E \angle 0°}{Z \angle -\theta} = I_m \angle \theta$，故 RC 串聯電路中，電流領先電

壓 θ，如圖 6-14 所示。

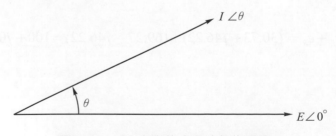

圖 6-14　RC 串聯後之電流領先電壓 θ

例 6-3

如圖 6-15，求(1) Z ，(2) i ，(3) e_R ，(4) e_C 。

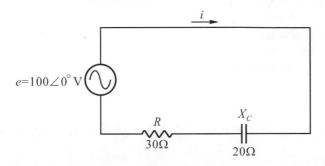

圖 6-15　例題 6-3 的電路

解

(1) $Z = R - jX_C = 30 - j20 = \sqrt{30^2 + 20^2} \angle \tan^{-1}\dfrac{-20}{30} = 36\angle -33.69°(\Omega)$

(2) $i = \dfrac{e}{Z} = \dfrac{100\angle 0°}{36\angle -33.69°} = 2.77\angle 33.69°(A)$

(3) $e_R = i \times R = 2.77\angle 33.69° \times 30\angle 0° = 83.33\angle 33.69°(V) = 69.27 + j46.22(V)$

(4) $e_C = i \times X_C = 2.77\angle 33.69° \times 20\angle -90° = 55.4\angle -56.31°(V)$

$\qquad = 30.73 - j46.22(V)$

[Check]：

KVL：$e_C + e_R = (30.73 - j46.22) + (69.27 + j46.22) = 100 + j0 = 100\angle 0°(V) = e$

三、*RLC* 串聯

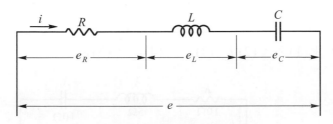

圖 6-16　*RLC* 串聯電路

1.　如圖 6-16，*RLC* 串聯後之電路中有電阻亦有電抗，故兩者合稱阻抗。

　　RLC 串聯後之總阻抗(Z)：

$$Z = R + jX_L - jX_C = \sqrt{R^2 + (X_L - X_C)^2} \angle \tan^{-1}\frac{X_L - X_C}{R} = Z\angle\theta$$

其中：$Z = \sqrt{R^2 + (X_L - X_C)^2}$ 稱爲阻抗值

$\theta = \tan^{-1}\dfrac{X_L - X_C}{R}$ 稱爲阻抗角

2. 當 $X_L > X_C$ 時，$\theta > 0$，總阻抗在第一象限，爲電感性電路(電壓領先電流)。

3. 當 $X_L < X_C$ 時，$\theta < 0$，總阻抗在第四象限，爲電容性電路(電壓落後電流)。

4. 當 $X_L = X_C$ 時，$\theta = 0$ 稱「諧振電路(Resonance Circuit)」。此時：

   (1) $2\pi f L = \dfrac{1}{2\pi f C} \Rightarrow f = \dfrac{1}{2\pi\sqrt{LC}}$，此頻率稱爲「諧振頻率(Resonance Frequency)，f_r」。

   反過來說：任一 RLC 串聯電路一定可以找到一個頻率(f_r)，使該電路成爲諧振電路。

   (2) 阻抗爲純實數，$\theta = 0$，電壓、電流間無相位差。

   (3) 有效電流爲最大值，$i = \dfrac{E\angle 0°}{Z\angle 0°} = I_m\angle 0°$。

   (4) $\left.\begin{cases} e_L = I_m\angle 0° \times X_L\angle 90° = I_m X_L\angle 90° \\ e_C = I_m\angle 0° \times X_C\angle -90° = I_m X_C\angle -90° \end{cases}\right\} \Rightarrow e_L + e_C = 0$

例 6-4

如圖 6-17，求(1) Z，(2) i，(3) e_R，(4) e_L，(5) e_C。

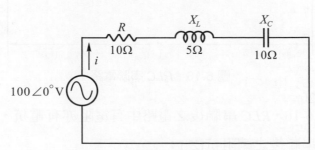

圖 6-17　例題 6-4 的電路

解 (1) $Z = R + jX_L - jX_C = 10 + j5 - j10 = 10 - j5(\Omega) = 11.2\angle-26.5°(\Omega)$

(2) $i = \dfrac{e}{Z} = \dfrac{100\angle0°}{11.2\angle-26.5°} = 8.9\angle26.5°(A)$

(3) $e_R = i \times R = 8.9\angle26.5° \times 10\angle0° = 89\angle26.5°(V)$

(4) $e_L = i \times X_L = 8.9\angle26.5° \times 5\angle90° = 44.5\angle116.5°(V)$

(5) $e_C = i \times X_C = 8.9\angle26.5° \times 10\angle-90° = 89\angle-63.5°(V)$

例 6-5

如圖 6-18，求(1) Z，(2) i，(3) e_R，(4) e_L，(5) e_C，(6)電感值 L，(7)電容值 C，(8)該電源的頻率，(9)驗證 KVL。

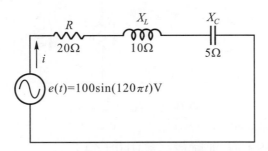

圖 6-18　例題 6-5 的電路

解 (1) $Z = R + jX_L - jX_C = 20 + j10 - j5 = 20 + j5(\Omega) = 20.62\angle14.04°(\Omega)$

(2) $i = \dfrac{e}{Z} = \dfrac{100\angle0°}{20.62\angle14.04°} = 4.85\angle-14.04°(A)$

(3) $e_R = i \times R = 4.85\angle-14.04° \times 20\angle0° = 97\angle-14.04°(V) = 94.11 - j23.53(V)$

(4) $e_L = i \times X_L = 4.85\angle-14.04° \times 10\angle90° = 48.5\angle75.96°(V)$
$= 11.77 + j47.06(V)$

(5) $e_C = i \times X_C = 4.85\angle-14.04° \times 5\angle-90° = 24.25\angle-104.04°(V)$
$= -5.88 - j23.53(V)$

(6) $X_L = 120\pi \times L = 10(\Omega) \Rightarrow L = \dfrac{1}{12\pi} = 26.5m(H)$

(7) $X_C = \dfrac{1}{120\pi \times C} = 5(\Omega) \Rightarrow C = \dfrac{1}{600\pi} = 531\mu(F)$

(8) $\omega = 2\pi f = 120\pi \Rightarrow f = \dfrac{120\pi}{2\pi} = 60(\text{Hz})$

(9) KVL：$e_R + e_L + e_C$

$\quad = (94.11 - j23.53) + (11.77 + j47.06) + (-5.88 - j23.53)$

$\quad = 100 + j0 = 100\angle 0°(\text{V}) = e$

6.3　RLC 並聯電路

一、RL 並聯電路

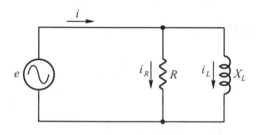

圖 6-19　RL 並聯電路

1. 如圖 6-19，RL 並聯後之總阻抗(Z)：

(1) $Z = \dfrac{1}{\dfrac{1}{R} + \dfrac{1}{jX_L}} = \dfrac{R \times jX_L}{R + jX_L} \times \left(\dfrac{R - jX_L}{R - jX_L}\right)$

$\qquad = \dfrac{R{X_L}^2}{R^2 + {X_L}^2} + j\dfrac{R^2 X_L}{R^2 + {X_L}^2}$

(2) $Z = \dfrac{e}{i}$

2. i 的求法：

(1) $i = \dfrac{e}{Z}$

(2) $i = i_R + i_L = \dfrac{e}{R} + \dfrac{e}{jX_L} = i_R - ji_L$

$\qquad = \sqrt{{i_R}^2 + {i_L}^2} \angle \tan^{-1}\dfrac{(-i_L)}{i_R}$

例 6-6

如圖 6-20，設 $e = 100\angle 0°\text{V}$，求(1)Z，(2)i_R，(3)i_L，(4) i。

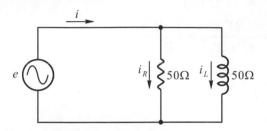

圖 6-20　例題 6-6 的電路

解　(1) $Z = \dfrac{50 \times j50}{50 + j50} \times \left(\dfrac{50 - j50}{50 - j50}\right) = 25 + j25(\Omega) = 35.35\angle 45°(\Omega)$

(2) $i_R = \dfrac{e}{R} = \dfrac{100\angle 0°}{50\angle 0°} = 2\angle 0°(\text{A}) = 2 + j0(\text{A})$

(3) $i_L = \dfrac{e}{X_L} = \dfrac{100\angle 0°}{50\angle 90°} = 2\angle -90°(\text{A}) = 0 - j2(\text{A})$

(4) $i = \dfrac{e}{Z} = \dfrac{100\angle 0°}{35.35\angle 45°} = 2.83\angle -45°(\text{A})$

或 $i = i_R + i_L = 2 - j2 = 2.83\angle -45°(\text{A})$

二、RC 並聯電路

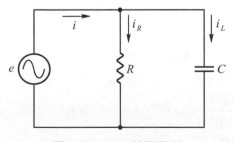

圖 6-21　RC 並聯電路

1. 如圖 6-21，RC 並聯後之總阻抗(Z)：

    (1) $Z = \dfrac{1}{\dfrac{1}{R} + \dfrac{1}{(-jX_C)}} = \dfrac{R \times (-jX_C)}{R - jX_C} \times \left(\dfrac{R + jX_C}{R + jX_C} \right)$

    $= \dfrac{RX_C^2}{R^2 + X_C^2} - j\dfrac{R^2 X_C}{R^2 + X_C^2}$

    (2) $Z = \dfrac{e}{i}$

2. i 的求法：

    (1) $i = \dfrac{e}{Z}$

    (2) $i = i_R + i_C = \dfrac{e}{R} + \dfrac{e}{(-jX_C)} = \dfrac{e}{R} + j\dfrac{e}{X_C} = i_R + ji_C$

    $= \sqrt{i_R^2 + i_C^2} \angle \tan^{-1} \dfrac{i_C}{i_R}$

例 6-7

如圖 6-22，求 $(1)Z$，$(2)i_R$，$(3)i_C$，$(4)i$。

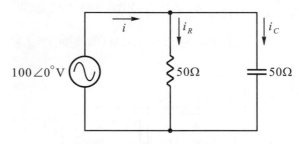

圖 6-22　例題 6-7 的電路

解 (1) $i_R = \dfrac{e}{R} = \dfrac{100\angle 0°}{50\angle 0°} = 2\angle 0°(A) = 2 + j0(A)$

(2) $i_C = \dfrac{e}{X_C} = \dfrac{100\angle 0°}{50\angle -90°} = 2\angle 90°(A) = 0 + j2(A)$

(3) $i = i_R + i_C = 2 + j2 = 2.83\angle 45°(A)$

(4) $Z = \dfrac{e}{i} = \dfrac{100\angle 0°}{2.83\angle 45°} = 35.35\angle -45°(\Omega)$

　　或 $Z = \dfrac{50\times(-j50)}{50-j50}\times\left(\dfrac{50+j50}{50+j50}\right) = 25 - j25(\Omega) = 35.35\angle -45°(\Omega)$

三、RLC 並聯

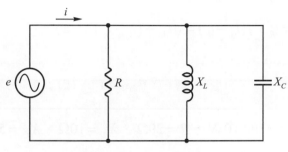

圖 6-23　RC 並聯電路

1.　如圖 6-23，RLC 並聯後之總阻抗(Z)：

(1)　$Z = \dfrac{1}{\dfrac{1}{R}+\dfrac{1}{jX_L}+\dfrac{1}{(-jX_C)}}$

　　　　$= \dfrac{R(X_L X_C)^2}{(X_L X_C)^2 + \left[R(X_C - X_L)\right]^2} + j\dfrac{R^2 X_L X_C(X_C - X_L)}{(X_L X_C)^2 + \left[R(X_C - X_L)\right]^2} = Z\angle\theta$

其中：Z 稱為阻抗值；θ 稱為阻抗角。

① 當 $X_C > X_L$ 時，$\theta > 0$，總阻抗在第一象限，為電感性電路(電壓領先電流)。

② 當 $X_C < X_L$ 時，$\theta < 0$，總阻抗在第四象限，為電容性電路(電壓落後電流)。

③ 當 $X_C = X_L$ 時(品質因數 $Q_p \geq 10$)，$\theta = 0$ 稱「諧振電路(Resonance Circuit)」。(詳請見 6.6 節的討論)

(2)　$Z = \dfrac{e}{i}$

2. i 的求法：

(1) $i = \dfrac{e}{Z}$

(2) $i = i_R + i_L + i_C = \dfrac{e}{R} + \dfrac{e}{jX_L} + \dfrac{e}{(-jX_C)}$

$= i_R \angle 0° + i_L \angle -90° + i_C \angle 90° = i_R - ji_L + ji_C$

$= i_R + j(i_C - i_L) = \sqrt{i_R{}^2 + (i_C - i_L)^2} \angle \tan^{-1} \dfrac{i_C - i_L}{i_R}$

例 6-8

如圖 6-23，設 $e = 100\angle 0°\text{V}$、$R = 20\Omega$、$X_L = 10\Omega$、$X_C = 5\Omega$，求(1) Z，(2) i_R，(3) i_C，(4) i_L，(5) i，(6)驗證 KCL。

解 (1) $Z = \dfrac{1}{\dfrac{1}{20} + \dfrac{1}{j10} + \dfrac{1}{(-j5)}} = \dfrac{1}{\dfrac{1}{20} - \dfrac{j}{10} + \dfrac{j}{5}} = \dfrac{1}{\dfrac{1+j2}{20}} = \dfrac{20}{1+j2}$

$= 4 - j8 = 8.94\angle -63.43°(\Omega)$

(2) $i_R = \dfrac{e}{R} = \dfrac{100\angle 0°}{20\angle 0°} = 5\angle 0°(\text{A}) = 5 + j0(\text{A})$

(3) $i_C = \dfrac{e}{X_C} = \dfrac{100\angle 0°}{5\angle -90°} = 20\angle 90°(\text{A}) = 0 + j20(\text{A})$

(4) $i_L = \dfrac{e}{X_L} = \dfrac{100\angle 0°}{10\angle 90°} = 10\angle -90°(\text{A}) = 0 - j10(\text{A})$

(5) $i = \dfrac{e}{Z} = \dfrac{100\angle 0°}{8.94\angle -63.43°} = 11.19\angle 63.43° = 5 + j10(\text{A})$

(6) KCL：$i = i_R + i_L + i_C = (5 + j0) + (0 - j10) + (0 + j20) = 5 + j10(\text{A})$

例 6-9

如圖 6-23，設 $e = 100\angle 0°\text{V}$、$R = 10\Omega$、$X_L = 5\Omega$、$X_C = 10\Omega$，求 (1) i_R，(2) i_L，(3) i_C，(4) i，(5) Z，(6) 判別此為電感性或電容性電路。

解

(1) $i_R = \dfrac{e}{R} = \dfrac{100\angle 0°}{10\angle 0°} = 10\angle 0°(\text{A}) = 10 + j0(\text{A})$

(2) $i_L = \dfrac{e}{X_L} = \dfrac{100\angle 0°}{5\angle 90°} = 20\angle -90°(\text{A}) = 0 - j20(\text{A})$

(3) $i_C = \dfrac{e}{X_C} = \dfrac{100\angle 0°}{10\angle -90°} = 10\angle 90°(\text{A}) = 0 + j10(\text{A})$

(4) $i = i_R + i_L + i_C = (10 + j0) + (0 - j20) + (0 + j10) = 10 - j10(\text{A})$
$$= 10\sqrt{2}\angle -45°(\text{A})$$

(5) $Z = \dfrac{e}{i} = \dfrac{100\angle 0°}{10\sqrt{2}\angle -45°} = 5\sqrt{2}\angle 45° = 5 + j5(\Omega)$

$Z = \dfrac{1}{\dfrac{1}{10} + \dfrac{1}{j5} + \dfrac{1}{(-j10)}} = 5 + j5 = 5\sqrt{2}\angle 45°(\Omega)$

(6) 此電路為電感性電路，因為：

① 電壓領先電流

② 阻抗角為正 ($\theta > 0$)

③ 感抗小於容抗 ($X_L < X_C$)。

6.4 *RLC* 串並聯混合電路及網路分析

例 6-10

如圖 6-24，設 $e = 100\sqrt{2}\angle 0°\text{V}$，求(1) Z，(2) i。

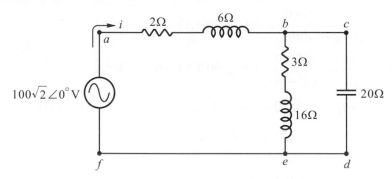

圖 6-24　例題 6-10 的電路

解

$$Z_{bcde} = (3 + j16) // (-j20) = \frac{(3 + j16) \times (-j20)}{(3 + j16) - (j20)} = 48 + j44(\Omega)$$

$$Z_{\text{Total}} = (2 + j6) + (48 + j44) = 50 + j50 = 50\sqrt{2}\angle 45°(\Omega)$$

$$i = \frac{v}{Z} = \frac{100\sqrt{2}\angle 0°}{50\sqrt{2}\angle 45°} = 2\angle -45°(\text{A})$$

例 6-11

如圖 6-25，以節點電流法求 i_{bd}。

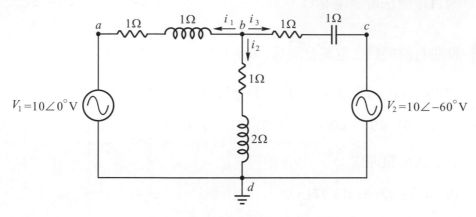

圖 6-25 例題 6-11 的電路

解 於 b 點， $i_1 + i_2 + i_3 = 0$

而 $i_1 = \dfrac{v_b - v_1}{Z_{ab}}$ ， $i_2 = \dfrac{v_b - 0}{Z_{bd}}$ ， $i_3 = \dfrac{v_b - v_2}{Z_{bc}}$

$\therefore \dfrac{v_b - v_1}{Z_{ab}} + \dfrac{v_b}{Z_{bd}} + \dfrac{v_b - v_2}{Z_{bc}} = 0$

$\Rightarrow v_b \left(\dfrac{1}{Z_{ab}} + \dfrac{1}{Z_{bd}} + \dfrac{1}{Z_{bc}} \right) = \dfrac{v_1}{Z_{ab}} + \dfrac{v_2}{Z_{bc}}$

$\Rightarrow v_b \left(\dfrac{1}{1 + j1} + \dfrac{1}{1 + j2} + \dfrac{1}{1 - j1} \right) = \dfrac{10 \angle 0°}{1 + j1} + \dfrac{10 \angle -60°}{1 - j1}$

$\Rightarrow v_b \left[(0.5 - j0.5) + (0.2 - j0.4) + (0.5 + j0.5) \right] = (5 - j5) + (6.81 - j1.83)$

$\Rightarrow v_b = \dfrac{13.65 \angle -30°}{1.263 \angle -18.40°} = 10.8 \angle -11.60° \text{(V)}$

$\Rightarrow i_2 = \dfrac{v_b}{Z_{bd}} = \dfrac{10.8 \angle -11.60°}{\sqrt{5} \angle 63.5°} = 4.82 \angle -75° \text{(A)} = i_{bd}$

例 6-12

以網目電流法解例題 6-11。

解 設左右兩網目之電流分別為 i_1 及 i_2 且以 CW 為正方向。則

$$10\angle 0° - i_1(1+j1) - i_1(1+j2) + i_2(1+j2) = 0$$

$$-i_2(1-j1) - 10\angle -60° - i_2(1+j2) + i_1(1+j2) = 0$$

上二式可整理成：

$$10 - i_1(2+j3) + i_2(1+j2) = 0$$

$$-i_2(2+j) - (5-j5\sqrt{3}) + i_1(1+j2) = 0$$

由上二方程式聯立可解得：

$$i_1 = 0.79 + j1.37 \text{ A}$$

$$i_2 = -0.46 + j6.01 \text{ A}$$

$$\Rightarrow i_{bd} = i_1 - i_2 = 1.25 - j4.64 = 4.82\angle -75° \text{ (A)}$$

例 6-13

如圖 6-26，求(1)對電阻 R 所作之戴維寧等效電路，(2) i_R ，(3)該電路為電感性或是電容性？

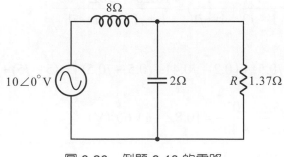

圖 6-26 例題 6-13 的電路

解 (1) $Z_{Th} = \dfrac{(j8)\times(-j2)}{j8+(-j2)} = 2.67\angle -90°(\Omega) = 0 - j2.67(\Omega)$

$V_{Th} = \dfrac{(-j2)}{j8+(-j2)}\times 10\angle 0° = \dfrac{2\angle -90°}{6\angle 90°}\times 10\angle 0° = 3.33\angle 180°(V)$

對 R 所作之戴維寧等效電路如圖 6-27 所示。

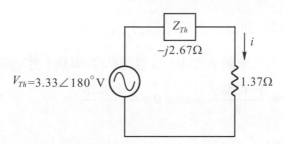

圖 6-27　例題 6-13 中對 R 所作之戴維寧等效電路

(2) $i_R = \dfrac{3.33\angle 180°}{1.37 - j2.67} = \dfrac{3.33\angle 180°}{3\angle -62.84°} = 1.11\angle 242.84° = 1.11\angle -117.16°(A)$

(3) $Z = j8 + (1.37)//(-j2) = j8 + \dfrac{1.37\times(-j2)}{1.37 - j2} = j8 + (0.9325 - j0.6387)$

$= 0.9325 + j7.3613(\Omega) = 7.24\angle 82.78°(\Omega)$

阻抗角為正($\theta > 0$)，所以是電感性電路。

 ## 6.5　單相電功率

　　一電路中僅有電阻而無電抗(i.e. $R \neq 0$，$X_L = X_C = 0$)，稱此種電路為「純電阻電路」；若有電抗，不論電抗是由電感或是電容所產生(i.e. $R \neq 0$，$X_L \neq 0$ 或 $X_C \neq 0$)，則稱此種電路為「有抗電路(Reactive circuit)」。不同類型電路的電功率討論於後。

一、純電阻的電功率

　　純電阻的電功率之符號為 P，單位為瓦特(Watt，簡稱為瓦，W)。設 $v_R = V_m \sin\omega t$，$i_R = I_m \sin\omega t$，則

1. 瞬時功率 $P_R(t)$

$$P_R(t) = i_R \times v_R = I_m \sin\omega t \times V_m \sin\omega t = I_m V_m \sin^2\omega t$$

$$= I_m V_m\left(\frac{1-\cos 2\omega t}{2}\right) = \frac{I_m V_m}{2}(1-\cos 2\omega t) \geq 0$$

僅 $t=0$ 時(即計時還沒開始) $P_R(t)=0$，只要計時一開始(即 $t>0$)，電阻消耗的功率就大於 0，故電阻的功率稱「實功率(Effective power)」。

Note：$\sin^2\theta = \dfrac{1-\cos 2\theta}{2}$ ，$\cos^2\theta = \dfrac{1+\cos 2\theta}{2}$ 。

2. 最大功率 P_m

當 $2\omega t = \pm 180°$ 時 (i.e. $\omega t = \pm 90°$)，$\cos 2\omega t = -1$

則 $P_R(t) = \dfrac{I_m V_m}{2}[1-(-1)] = I_m V_m = P_m$

此時之功率為最大值。

3. 平均功率 P_{av}

$$P_{av} = \frac{\int_0^T P_R(t)dt}{T} = \frac{I_m V_m}{2}\int_0^T \frac{(1-\cos 2\omega t)}{T} = \frac{I_m V_m}{2}$$

($\cos 2\omega t$ 於一週期內之平均值為零。)

4. 有效功率 P_{eff}

$$P_{eff} = \sqrt{\frac{1}{T}\int_0^T [P_R(t)]^2} = \sqrt{\frac{1}{T}\int_0^T \left[\frac{I_m V_m}{2}(1-\cos 2\omega t)\right]^2} = \frac{I_m V_m}{2} = P_{av} \text{，或}$$

$$P_{eff} = i_{eff} \times v_{eff} = \frac{1}{\sqrt{2}}I_m \times \frac{1}{\sqrt{2}}V_m = \frac{I_m V_m}{2} = P_{av}$$

5. 一般所稱純電阻之電功率 P 為該電阻之有效電流與有效電壓相乘積，亦稱有效功率、平均功率(i.e.有效功率=平均功率)。

令 $I = i_{eff}$ 、 $V = v_{eff}$ ， $P = I \times V = i_{eff} \times v_{eff} = \dfrac{I_m V_m}{2} = P_{av} = P_{eff}$

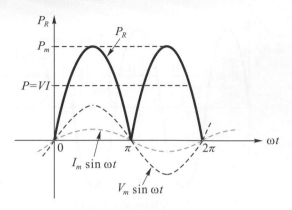

圖 6-28　純電阻的電功率

二、純電感的電功率

純電感的電功率之符號為 Q_L，單位為「乏爾(VAR)」。

設 $i_L = I_m \sin \omega t$，因電感之電壓領先電流 $90°$，故 $v_L = V_m \sin(\omega t + 90°)$。則

1.　瞬時功率 $P_L(t)$

$$P_L(t) = i_L \times v_L = I_m \sin \omega t \times V_m \sin(\omega t + 90°)$$
$$= \frac{1}{2} I_m V_m \sin 2\omega t$$
$$= P_m \sin 2\omega t$$

Note： $\sin 2\theta = 2\sin\theta\cos\theta$

2.　平均功率：於一週內 $\sin 2\omega t$ 之平均值為零，故電感並不消耗實功率。如圖 6-29，ωt 為$(0 \sim \frac{\pi}{2})$時功率為正，係指電感由電源取出功率；而 ωt 為$(\frac{\pi}{2} \sim \pi)$時功率為負，係指電感將功率送回電源。電感會與電源將功率互相推來推去。因此種電路係有抗電路，其於一週內之平均功率值為零，與電阻所消耗的功率不同($P_R(t) \geq 0$)。故有抗電路的功率稱為稱「虛功率」(Reactive power)，以符號 Q 表示，以別於電阻消耗功率的符號 P。

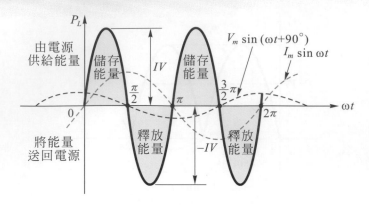

圖 6-29　純電感的電功率

3.　電感的虛功率 Q_L

$$Q_L = \int_0^{\frac{\pi}{2}} \left[I_m \sin\theta \times V_m \sin(\theta + 90°) \right] d\theta \qquad (取 \frac{1}{4} 週期討論)$$

$$= \frac{1}{2} I_m V_m \int_0^{\frac{\pi}{2}} \sin 2\theta \, d\theta$$

$$= \frac{1}{2} I_m V_m = i_{eff} \times v_{eff}$$

$$= I_{eff} \angle 0° \times V_{eff} \angle 90°$$

$$= I_{eff} \, V_{eff} \angle 90°$$

$$= jIV \,(\text{VAR})$$

Note：VAR 係指：電壓(伏特 V)與電流(安培 A)相乘積、在有抗電路(Reactive circuit)之中。

三、純電容的電功率

純電容的電功率之符號為 Q_C，單位為「乏爾(VAR)」。

設 $i_C = I_m \sin\omega t$，因電容之電壓落後電流 90°，故 $v_C = V_m \sin(\omega t - 90°)$。

則

1.　瞬時功率 $P_C(t)$

$$P_C(t) = i_C \times v_C = I_m \sin\omega t \times V_m \sin(\omega t - 90°)$$

$$= -\frac{1}{2} I_m V_m \sin 2\omega t = -P_m \sin 2\omega t$$

2. 平均功率：於一週內 $\sin 2\omega t$ 之平均值爲零，故電容並不消耗實功率。如圖 6-30，ωt 爲$(0\sim\frac{\pi}{2})$時功率爲負，係指電容將功率送回電源；而 ωt 爲$(\frac{\pi}{2}\sim\pi)$時功率爲正，係指電容由電源取出功率。電容會與電源將功率互相推來推去。因此種電路係有抗電路，其於一週內之平均功率值爲零，與電阻所消耗的功率不同（$P_R(t)\geq 0$）。故有抗電路的功率稱爲稱「虛功率」(Reactive power)，以符號 Q 表示，以別於電阻消耗功率的符號 P。

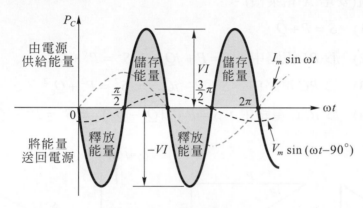

圖 6-30　純電容的電功率

3. 電容的虛功率 Q_C

$$Q_C = \int_0^{\frac{\pi}{2}} \left[I_m \sin\theta \times V_m \sin(\theta-90°) \right] d\theta \qquad (取\frac{1}{4}週期討論)$$

$$= -\frac{1}{2} I_m V_m \int_0^{\frac{\pi}{2}} \sin 2\theta \, d\theta$$

$$= I_{eff} \angle 0° \times V_{eff} \angle -90°$$

$$= I_{eff} V_{eff} \angle -90°$$

$$= -jIV \, (\text{VAR})$$

Note：有抗電路一詞是指該電路中有電抗，而有抗電路會將能量在電路與電源間推來推去，故稱 Reactive circuit。

四、三種功率

從以上的討論可知,功率有三種,分述於下。

1. 有效功率:電阻所消耗的功率,又稱為「實功率」或「總功率」,符號 P,單位 W。

2. 無效功率:電抗所消耗的功率,又稱「虛功率」,符號 Q,單位 VAR。

3. 視在功率(Apparent power):實功率與虛功率之向量和,亦稱「伏安功率」或「發電機容量」,符號 S(或 Pa),單位 VA(電壓(伏特 V)與電流(安培 A)相乘積)。

    (1) $\vec{S} = \vec{P} + \vec{Q}$

    (2) 於 RL 電路中, $S = P + jQ_L \Rightarrow S^2 = P^2 + Q_L^2$

    (3) 於 RC 電路中, $S = P - jQ_C \Rightarrow S^2 = P^2 + Q_C^2$

    (4) 於 RLC 電路中, $S = P + j(Q_L - Q_C) \Rightarrow S^2 = P^2 + (Q_L - Q_C)^2$

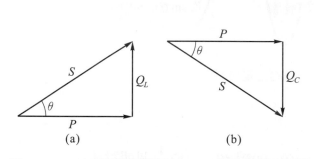

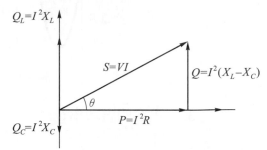

圖 6-31　(a) RL 電路的電功率,(b) RC 電路的電功率　　圖 6-32　RLC 電路的電功率

4. 功率因數(Power factor,PF):定義為「實功率與視在功率的比值,$PF = \dfrac{P}{S}$」,物理意義係指「一電路系統中,實功率在發電機容量(視在功率)中所佔的比例」。由圖 6-32 的幾何關係可知 $\dfrac{P}{S} = \cos\theta$,所以功率因數 $PF = \cos\theta$,其中 θ 稱為功率因數角。而 $Q = S\sin\theta$, $\sin\theta$ 稱為電抗因數(Reactive factor,RF)。

$$PF = \cos\theta = \frac{P}{S} = \frac{i_R^2 \times R}{i^2 \times Z}$$

$$RF = \sin\theta = \frac{Q}{S} = \sqrt{1 - \cos^2\theta} = \sqrt{1 - PF^2}$$

五、RLC 電路中的阻抗與功率

1. 阻抗(Impedance, Z)

$$\left\{\begin{array}{l} \text{電阻(Resistance, } R) \xleftrightarrow{\text{倒數}} \text{電導(Condance, } G) \\ \text{電抗(Reactance, } X) \xleftrightarrow{\text{倒數}} \text{電納(Suspectance, } B) \end{array}\right\} \text{導納(Admittance, } Y)$$

2. 純電阻電路：

   $R \neq 0$，$X_L = X_C = 0$ (i.e. $Q_L = Q_C = 0$，$P \neq 0$)，$\angle Z = 0$，$PF = 1$

3. 有抗電路：$Q \neq 0$，i.e. $X_L \neq 0$ 或 $X_C \neq 0$

   (1) 電感性電路：$Q > 0$，i.e. $\angle Z > 0$，PF lag(以電流為準)，串聯時 $X_L > X_C$，並聯時 $X_L < X_C$。

   (2) 電容性電路：$Q < 0$，i.e. $\angle Z < 0$，PF lead，串聯時 $X_L < X_C$，並聯時 $X_L > X_C$。

   (3) 諧振電路：電路中之一個電抗元件所釋放的能量剛好等於另一個電抗元件所吸收的能量。$Q_L = Q_C \neq 0$，$P \neq 0$，$\bar{Q} = 0$，$\angle Z = 0°$，$PF = 1$，串聯時 $X_L = X_C$，並聯時 $X_L = X_C$(品質因數大於 10)。

例 6-14

如圖 6-33，求(1) Z，(2) i，(3)判別此為電感性或電容性電路，(4)PF lead 或 lag？

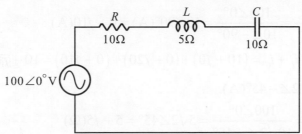

圖 6-33　例 6-14 的電路

解 (1) $Z = 10 + j(5-10) = 11.18\angle -26.57°(\Omega)$

(2) $i = \dfrac{e}{Z} = \dfrac{100\angle 0°}{11.18\angle -26.57°} = 8.94\angle 26.57°(A)$

(3) 此電路為電容性電路，因為：

① 電流領先電壓

② 阻抗角為負($\theta < 0$)

③ 此時容抗大於感抗($X_C > X_L$)

④ $Q = i^2 \times (-5) < 0$。

(4) PF lead，因為電流領先電壓。

例 6-15

如圖 6-34，設 $e = 100\angle 0°$V、$R = 10\Omega$、$X_L = 5\Omega$、$X_C = 10\Omega$，求(1)i_R，(2)i_L，(3)i_C，(4)i，(5)Z，(6)判別此為電感性或電容性電路。

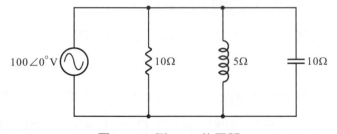

圖 6-34　例 6-15 的電路

解 (1) $i_R = \dfrac{e}{R} = \dfrac{100\angle 0°}{10\angle 0°} = 10\angle 0°(A) = 10 + j0(A)$

(2) $i_L = \dfrac{e}{X_L} = \dfrac{100\angle 0°}{5\angle 90°} = 20\angle -90°(A) = 0 - j20(A)$

(3) $i_C = \dfrac{e}{X_C} = \dfrac{100\angle 0°}{10\angle -90°} = 10\angle 90°(A) = 0 + j10(A)$

(4) $i = i_R + i_L + i_C = (10 + j0) + (0 - j20) + (0 + j10) = 10 - j10(A)$

$\quad = 10\sqrt{2}\angle -45°(A)$

(5) $Z = \dfrac{e}{i} = \dfrac{100\angle 0°}{10\sqrt{2}\angle -45°} = 5\sqrt{2}\angle 45° = 5 + j5(\Omega)$

或 $Z = \dfrac{1}{\dfrac{1}{10} + \dfrac{1}{j5} + \dfrac{1}{(-j10)}} = 5 + j5 = 5\sqrt{2}\angle 45°(\Omega)$

(6) 此電路為電感性電路，因為：

① 電壓領先電流(PF lag)

② 阻抗角為正($\theta > 0$)

③ 此時感抗小於容抗($X_L < X_C$)

④ $Q = i^2 \times (5) > 0$。

4. 設 $v = |v|\angle\alpha$、$i = |i|\angle\beta$、$i^* = |i|\angle-\beta$，其中「*」稱為「共軛，conjugate」。

則

$$S = vi^* (\text{而非} \ S = vi)$$

【Proof】：

$$Z = \frac{v}{i} = \frac{|v|\angle\alpha}{|i|\angle\beta} = |Z|\angle\theta = |Z|\angle\alpha-\beta$$

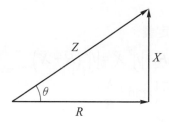

圖 6-35　R、X、Z 間之關係

而由圖 6-35 可知：

$$Z = \left|\sqrt{R^2 + X^2}\right| \angle \tan^{-1}\frac{X}{R}$$

$\therefore |Z| = \left|\sqrt{R^2 + X^2}\right|$ (阻抗值)、$\theta = \alpha - \beta = \tan^{-1}\dfrac{X}{R}$ (阻抗角)

現 $\vec{S} = \vec{P} + \vec{Q}$，由圖 6-36 可知：

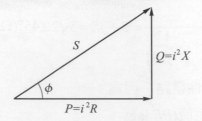

圖 6-36　P、Q、S 間之關係

$$S = |S| \angle \phi$$

$$= \left| \sqrt{P^2 + Q^2} \right| \angle \tan^{-1} \frac{Q}{P}$$

$$= \left| i^2 \sqrt{R^2 + X^2} \right| \angle \tan^{-1} \frac{i^2 X}{i^2 R}$$

$$= \left| i^2 Z \right| \angle \tan^{-1} \frac{X}{R}$$

$$= \left| i^2 Z \right| \angle (\alpha - \beta)$$

$$= |v| \times |i| \angle (\alpha - \beta)$$

$$= |v| \angle \alpha \times |i| \angle -\beta$$

$$= v\,i*$$

Note：視在功率 S 的定義：

$$\bar{S} = \bar{P} + \bar{Q} = |i|^2 \, \bar{R} + |i|^2 \, \bar{X} = |i|^2 \left(\bar{R} + \bar{X} \right)$$

$$= \left| i^2 \sqrt{R^2 + X^2} \right| \angle \tan^{-1} \frac{X}{R}$$

$$= \left| i^2 \right| Z \angle \tan^{-1} \frac{X}{R}$$

$$= |S| \angle (\alpha - \beta)$$

$$= \left| \sqrt{P^2 + Q^2} \right| \angle \tan^{-1} \frac{Q}{P}$$

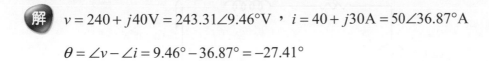

例 6-16

某電路系統之 $v = 240 + j40\text{V}$，$i = 40 + j30\text{A}$，求(1)P，(2)Q，(3)S，(4)PF。

解 $v = 240 + j40\text{V} = 243.31\angle 9.46°\text{V}$，$i = 40 + j30\text{A} = 50\angle 36.87°\text{A}$

$\theta = \angle v - \angle i = 9.46° - 36.87° = -27.41°$

(1) $S = vi^* = 243.31\angle 9.46° \times 50\angle -36.87° = 12165.5\angle -27.41°\text{(VA)}$

(2) $P = S\cos\theta = 12165.5\cos(-27.41°) = 10800\text{(W)}$

(3) $Q = S\sin\theta = 12165.5\sin(-27.41°) = -5600\text{(VAR)}$

(4) $PF = \cos(-27.41°) = 0.8877$　lead (電容性電路)

例 6-17

某電路系統之電源電壓為 2300V，接一 250kVA 之負載，該負載之功率因數為 0.86 滯後。求(1)P，(2)Q，(3)i，(4)RF。

解 現 $S = 250\text{kVA}$，$\cos\theta = 0.86$。

(1) $P = S\cos\theta = 250\text{k} \times 0.86 = 215\text{k(W)}$

(2) $i = \dfrac{S}{v} = \dfrac{250\text{k}}{2300} = 108.7\text{(A)}$

(3) $\cos\theta = 0.86 \Rightarrow \theta = \cos^{-1}0.86 = \pm30.68°$，因為 PF 為 lag，所以 $\theta > 0$ 取正值。

　　$Q = S\sin\theta = 250\text{k}\sin(30.68°) = 127.5\text{k(VAR)}$

(4) $RF = \sin\theta = \sin(30.68°) = 0.51 = \sqrt{1 - PF^2} = \sqrt{1 - (0.86)^2} = 0.51$

例 6-18

如圖 6-37，求(1) Z ，(2) e_R ，(3) e_L ，(4) $e\angle\theta°$ ，(5) P ，(6) PF 。

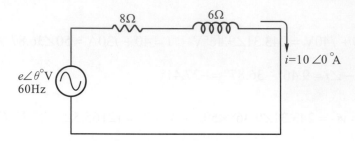

圖 6-37　例題 6-18 的電路

 解

(1) $Z = R + jX_L = 8 + j6 = \sqrt{8^2 + 6^2}\angle\tan^{-1}\dfrac{6}{8} = 10\angle37°(\Omega)$

(2) $e_R = i \times R = 10\angle0° \times 8\angle0° = 80\angle0°(\text{V})$

(3) $e_L = i \times X_L = 10\angle0° \times 6\angle90° = 60\angle90°(\text{V})$

(4) $e\angle\theta° = e_R + e_L = 80 + j60 = 100\angle37°$

$\qquad = iZ = 10\angle0° \times 10\angle37° = 100\angle37°$

(5) $P = i^2R = (10)^2 \times 8 = 800(\text{W})$

(6) $PF = \cos(37°) = 0.80\,\text{lag}$ (電感性電路)

例 6-19

如圖 6-38，求(1) Z ，(2) i ，(3) P ，(4) PF 。

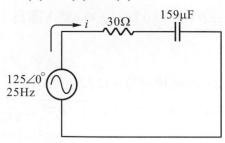

圖 6-38　例題 6-19 的電路

解 (1) $X_C = \dfrac{1}{2\pi f C} = \dfrac{1}{2\pi \times 25 \times 159\mu} = 40(\Omega)$

$Z = R - jX_C = 30 - j40 = \sqrt{30^2 + 40^2} \angle \tan^{-1}\dfrac{(-40)}{30} = 50\angle -53°(\Omega)$

Note：$\tan^{-1}\left(-\dfrac{40}{30}\right)$ 有兩種情形：

1. $\theta = \tan^{-1}\dfrac{(-40)}{30} = \tan^{-1}(-1.33) = -53°$，如圖 6-39(a)。

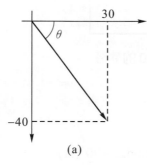 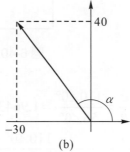

(a)　　　　　　　　　(b)

圖 6-39　$\tan^{-1}\left(-\dfrac{40}{30}\right)$ 的兩種情形

2. $\alpha = \tan^{-1}\dfrac{40}{(-30)} = \tan^{-1}(-1.33) = 127°$，如圖 6-39(b)。

(2) $i = \dfrac{v}{Z} = \dfrac{125\angle 0°}{50\angle -53°} = 2.5\angle 53°(A)$

(3) $P = i^2 R = (2.5)^2 \times 30 = 187.5(W)$

(4) $PF = \cos(-53°) = 0.60\,\text{lead}$ (電容性電路)

例 6-20

如圖 6-40，求(1)i，(2)PF。

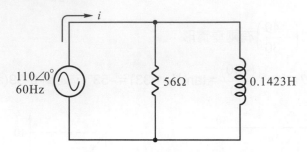

圖 6-40　例題 6-20 的電路

解 (1) $i_R = \dfrac{e}{R} = \dfrac{110\angle 0°}{56\angle 0°} = 1.9643\angle 0°(\text{A})$

$i_L = \dfrac{e}{X_L} = \dfrac{110\angle 0°}{2\pi\times 60\times 0.1423\angle 90°} = 2.05\angle -90°(\text{A})$

$i = i_R + i_L = 1.9643 - j2.05 = 2.839\angle -46.2°(\text{A})$

(2) $\theta = \angle v - \angle i = 0° - (-46.2°) = 46.2°$

$PF = \cos(46.2°) = 0.69 \text{ lag}$ (電感性電路)

例 6-21

如圖 6-41，求(1)P，(2)PF，(3)R，(4)L，(5)C。

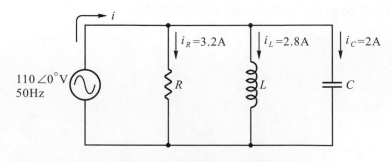

圖 6-41　例題 6-21 的電路

解 $i = i_R + i_L + i_C = 3.2\angle 0° + 2.8\angle -90° + 2\angle 90°$

$= 3.2 - j0.8 = 3.3\angle -14.04°(\text{A})$

(1) $P = i_R v = 3.2 \times 110 = 352(\text{W})$

(2) $S = vi^* = 110\angle 0° \times 3.3\angle 14.04° = 363\angle 14.04°(\text{VA})$

$PF = \dfrac{P}{S} = \dfrac{352}{363} = \cos 14.04° = 0.97$ lag (電感性電路)

(3) $R = \dfrac{v}{i_R} = \dfrac{110}{3.2} = 34.38(\Omega)$

(4) $X_L = \dfrac{v}{i_L} = \dfrac{110}{2.8} = 39.29(\Omega) \Rightarrow L = \dfrac{X_L}{2\pi f} = \dfrac{39.29}{2\pi \times 50} = 0.125(\text{H})$

(5) $X_C = \dfrac{v}{i_C} = \dfrac{110}{2} = 55(\Omega) \Rightarrow C = \dfrac{1}{2\pi f X_C} = \dfrac{1}{2\pi \times 50 \times 55} = 57.87\mu(\text{F})$

例 6-22

如圖 6-42，求(1)i_R，(2)i_L，(3)i_C，(4)i，(5)Z，(6)P，(7)Q，(8)S，(9)PF。

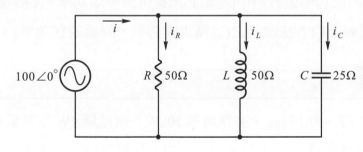

圖 6-42　例 6-22 的電路

解 (1) $i_R = \dfrac{e}{R} = \dfrac{100\angle 0°}{50\angle 0°} = 2\angle 0°(\text{A}) = 2 + j0(\text{A})$

(2) $i_L = \dfrac{e}{X_L} = \dfrac{100\angle 0°}{50\angle 90°} = 2\angle -90°(\text{A}) = 0 - j2(\text{A})$

(3) $i_C = \dfrac{e}{X_C} = \dfrac{100\angle 0°}{25\angle -90°} = 4\angle 90°(\text{A}) = 0 + j4(\text{A})$

(4) $i = i_R + i_L + i_C = 2\angle 0° + 2\angle -90° + 4\angle 90° = 2\angle 0° + 2\angle 90°$

$= 2 + j2(\text{A}) = 2\sqrt{2}\angle 45°(\text{A})$

(5) $Z = \dfrac{e}{i} = \dfrac{100\angle 0°}{2\sqrt{2}\angle 45°} = 25\sqrt{2}\angle -45° = 25 - j25(\Omega) = R_{總} + jX_{總}$

或 $Z = \dfrac{1}{\dfrac{1}{50} + \dfrac{1}{j50} + \dfrac{1}{(-j25)}} = 25 - j25 = 25\sqrt{2}\angle -45°(\Omega)$

(6) $P = i_R \times v = 2\angle 0° \times 100\angle 0° = 200\angle 0°(W)$

或 $P = i^2 \times R_{總} = \left(2\sqrt{2}\right)^2 \times 25 = 200(W)$ (僅計算大小)

(7) $Q = i^2 \times X_{總} = \left(2\sqrt{2}\right)^2 \times (-25) = -200(VAR)$

(8) $S = vi^* = 100\angle 0° \times 2\sqrt{2}\angle -45° = 200\sqrt{2}\angle -45°(VA)$

或 $\vec{S} = \vec{P} + \vec{Q} = \sqrt{(200)^2 + (-200)^2}\angle \tan^{-1}\left(\dfrac{-200}{200}\right) = 200\sqrt{2}\angle -45°(VA)$

(9) $PF = \cos(-45°) = 0.707$ lead (電容性電路)

六、功率因數的改善

由於馬達、變壓器等電器均有線圈電感，使得大部分交流負載均為電感性。為避免因而功率因數過小(電源必須提供許多虛功率，使得視在功率增加)，可以並聯電容器的方法改善之(以減少虛功率，降低視在功率)。

例 6-23

某負載之 $PF = 0.75$ lag，消耗功率 10kW。現欲將 PF 改善至 0.85 lag，求：(1)所應並聯之電容值？(2)改善後的視在功率？設電源 $v = 550V$、60Hz。

解 (1) 改善前：$S_{前} = \dfrac{P}{\cos\theta_{前}} = \dfrac{10k}{0.75} = 13.33k(VA)$

$Q_{前} = \sqrt{S^2 - P^2} = \sqrt{13.33^2 - 10^2} = 8.82(kVAR)$

(2) 改善後：$PF_{後} = \cos\theta_{後} = 0.85$

$\Rightarrow \theta_{後} = \cos^{-1}0.85 = 31.79°$ (因為 lag，所以取正值)

$Q_{後} = P\tan\theta_{後} = 10\tan 31.79° = 6.2(kVAR)$

所以並聯電容之 $Q_C = 8.82 - 6.2 = 2.62(kVAR)$

而 $Q_C = i_C \times v \Rightarrow i_C = \dfrac{Q_C}{v} = \dfrac{2.62k}{550} = 4.76(\text{A})$

$i_C = \dfrac{v}{X_C} = \dfrac{v}{\dfrac{1}{2\pi f C}} = 2\pi f C v$

$\Rightarrow C = \dfrac{i_C}{2\pi f v} = \dfrac{4.76}{2\pi \times 60 \times 550} = 22.96\mu(\text{F})$, $S_{後} = \dfrac{P}{\cos\theta_{後}} = \dfrac{10k}{0.85} = 11.76k(\text{VA})$

例 6-24

Z_1 之 $P = 30\text{kW}$、$PF = 0.6$ lag，Z_2 之 $P = 24\text{kW}$、$PF = 0.96$ lead。現將 Z_1、Z_2 與電壓為 240V 之電源並聯，求並聯電路之(1)P，(2)Q，(3)S，(4)i，(5)PF。

解 $S_1 = \dfrac{P_1}{PF_1} = \dfrac{30k}{0.6} = 50k(\text{VA})$ ， $\theta_1 = \cos^{-1}(0.6) = 53.13°$ (PF lag 故取正值)，

$Q_1 = 50k\sin(53.13°) = 40k(\text{VAR})$ ； $S_2 = \dfrac{P_2}{PF_2} = \dfrac{24k}{0.96} = 25k(\text{VA})$ ，

$\theta_2 = \cos^{-1}(0.96) = -16.26°$ (PF lead 故取負值)，

$Q_2 = 25k\sin(-16.26°) = -7k(\text{VAR})$ 。

(1) $P = P_1 + P_2 = 30k + 24k = 54k(\text{W})$

(2) $Q = Q_1 + Q_2 = 40k + (-7k) = 33k(\text{VAR})$

(3) $S = \sqrt{P^2 + Q^2} = \sqrt{54^2 + 33^2} = 63.29(\text{kVA})$

(4) $i = \dfrac{S}{v} = \dfrac{63.29k}{240} = 263.71(\text{A})$

(5) $PF = \dfrac{P}{S} = \dfrac{54k}{63.29k} = 0.853$ lag (電感性電路)

七、最大移轉功率

1. 電源為交流時，欲使負載得到最大移轉實功率，則負載之阻抗值須與電源內阻之阻抗值互為共軛(Conjugate)。

2. 電源之內阻值以及電源電壓值分別可以由負載看入該電路之戴維寧等效電阻值及等效電壓值來替代。

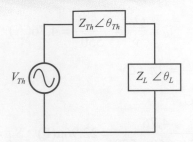

圖 6-43　最大移轉功率

$$Z_L = Z_{Th} \text{ , } \theta_L = -\theta_{Th}$$

$$Z = Z_{Th} + Z_L = (R_{Th} + jX_{Th}) + (R_L - jX_L)$$

$$= (R_{Th} + R_L) + j(X_{Th} - X_L)$$

$$= 2R_{Th}$$

$$i = \frac{v}{Z} = \frac{V_{Th}}{2R_{Th}}$$

3.　總功率(實功率) $P_L = i^2 \times R = \left(\dfrac{V_{Th}}{2R_{Th}}\right)^2 \times R_{Th} = \dfrac{V_{Th}{}^2}{4R_{Th}}$

例 6-25

如圖 6-44，求(1)得到最大實功率之 Z_L 值，(2)該最大功率。

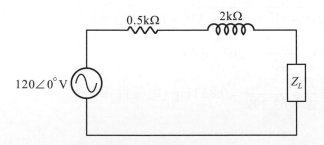

圖 6-44　例 6-25 的電路

解 $Z_{Th} = (0.5\text{k} + j2\text{k})\Omega = 2062\angle 76°\Omega$

$\Rightarrow Z_L = (0.5\text{k} - j2\text{k})\Omega = 2062\angle -76°\Omega$

$\Rightarrow P_{\max} = \dfrac{V_{Th}{}^2}{4R_{Th}} = \dfrac{120^2}{4\times(0.5\text{k})} = 7.2(\text{W})$

6.6　諧振電路(Resonant Circuit)

　　諧振電路(Resonant Circuit)：電路中之一個電抗元件所釋放之能量剛好等於另一電抗元件所吸收之能量，電路的總虛功率為零。

一、串聯諧振電路

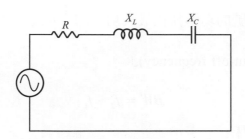

圖 6-45　串聯諧振電路

1. $Q_C = Q_L \Rightarrow i_C^2 X_C = i_L^2 X_L$，因為是串聯電路，所以 $i_C = i_L$

   $\Rightarrow X_C = X_L \Rightarrow \dfrac{1}{2\pi f_r C} = 2\pi f_r L \Rightarrow$ 諧振頻率 $f_r = \dfrac{1}{2\pi\sqrt{LC}}$

2. $Z = R + jX_L - jX_C = R + j(X_L - X_C) = R$

3. 視在功率(S) = 實功率(P)

4. 功率因數 $PF = 1$

5. $f = 0$ 時，$X_L = 0$，$X_C = \infty$，$i = 0$；

   $f < f_r$ 時，$X_C > X_L$，PF lead；

   $f = f_r$ 時，$X_C = X_L \neq 0$，$Z = R$，$i = i_{max}$，$PF = 1$；

   $f > f_r$ 時，$X_C < X_L$，PF lag。

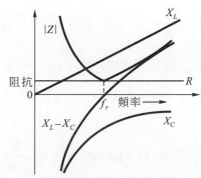

圖 6-46　串聯諧振電路於不同頻率時之阻抗

6. $P_{max} = (i_{max})^2 \times R$

當 $i = \dfrac{1}{\sqrt{2}} i_{max}$ 時，$P = \left(\dfrac{1}{\sqrt{2}} i_{max}\right)^2 \times R = \dfrac{1}{2}(i_{max})^2 \times R = \dfrac{1}{2} P_{max}$，故此時之頻

率稱為「半功率頻率(Half-power frequency)」(指的是實功率)。如圖

6-47，上、下二半功率頻率間之頻帶寬度稱為「頻寬(Bandwidth, BW)」，

頻寬內信號的功率都在最大功率的 $\dfrac{1}{2}$ 以上，所以半功率頻率又稱「截

止頻率(Cut-off frequency)」。

$$BW = f_2 - f_1$$

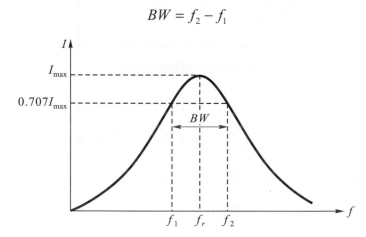

圖 6-47　頻寬與半功率頻率

7. 品質因數(Quality factor，簡稱 Q-factor)

(1) 定義：某裝置內儲功(Q_L 或 Q_C)與消耗功(P)的比值。

(2) 電感(線圈)：$Q_L = \dfrac{X_L}{R_w}$　X_L：感抗，R_W：繞組電阻

電容：$Q_C = \dfrac{X_C}{R_C}$　　$\because R_C$ 甚小故通常 $Q_C > Q_L$

(3) 諧振電路之 Q 值通常取決於 Q_L，i.e. $[Q = \min (Q_L，Q_C)]$。故於

諧振狀態下電感虛功(Q_L)與實功(P)之比值，即稱該裝置之

Q-factor。

$$Q - \text{factor} = \dfrac{Q_L}{P} = \dfrac{i^2 X_L}{i^2 R} = \dfrac{X_L}{R}$$

又：$Q-\text{factor} = \dfrac{X_L}{R} = \dfrac{2\pi f_r L}{R} = \dfrac{2\pi L}{R} \times f_r = \dfrac{2\pi L}{R} \times \dfrac{1}{2\pi \sqrt{LC}}$

$= \dfrac{1}{R} \times \sqrt{\dfrac{L}{C}}$

故：R 及 $\dfrac{L}{C}$ 影響 $Q\text{-factor}$。

(4)　$Q\text{-factor}$ 無因次。

(5)　$BW = \dfrac{f_r}{Q}$

將 $f_r = \dfrac{1}{2\pi \sqrt{LC}}$ 以及 $Q = \dfrac{1}{R} \times \sqrt{\dfrac{L}{C}}$ 代入上式，

$BW = \dfrac{f_r}{Q} = \dfrac{\dfrac{1}{2\pi \sqrt{LC}}}{\dfrac{1}{R} \times \sqrt{\dfrac{L}{C}}} = \dfrac{R}{2\pi L}$

相同諧振頻率(f_r)下，高 Q 之電路較低 Q 者具較佳之選擇性 (Selectivity)因其 BW 較窄，Gain 值較大，如圖 6-48。

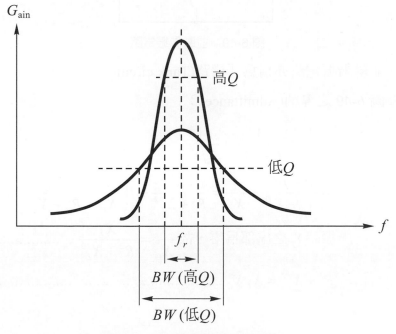

圖 6-48　不同品質因數之選擇性

例 6-26

RLC 串聯，$R = 50\Omega$、$X_C = 2k\Omega$、電源電壓 60V-30kHz，此時該電路諧振。求(1)諧振時之 X_L，(2)諧振時之品質因數 Q，(3)頻寬，(4)最大功率 P_{max}。

解 (1) $X_L = X_C = 2k\Omega$

(2) $Q = \dfrac{X}{R} = \dfrac{2000}{50} = 40$

(3) $BW = \dfrac{f_r}{Q} = \dfrac{30000}{40} = 750(\text{Hz})$

(4) $P_{max} = (i_{max})^2 \times R = \dfrac{v^2}{R} = \dfrac{60^2}{50} = 72(\text{W})$

二、並聯諧振電路

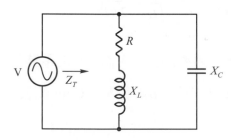

圖 6-49　並聯諧振電路

1.　並聯諧振電路亦稱為「槽路(Tank circuit)」。

2.　圖 6-49 之導納(Admittance)：

$$Y_T = \frac{1}{Z_T} = \frac{1}{R + jX_L} + \frac{1}{-jX_C}$$

$$= \frac{R - jX_L}{R^2 + X_L^{\,2}} + \frac{j}{X_C} = \frac{R}{R^2 + X_L^{\,2}} + j\left(\frac{1}{X_C} - \frac{X_L}{R^2 + X_L^{\,2}}\right) \dots\dots\dots\dots (a)$$

諧振時 Y_T 之虛部為零，故 $\dfrac{1}{X_C} = \dfrac{X_L}{R^2 + X_L^{\,2}}$ $\dots\dots\dots\dots\dots\dots\dots$ (b)

$\Rightarrow R^2 + X_L^{\,2} = X_L X_C$ $\dots\dots\dots\dots\dots\dots\dots\dots\dots\dots\dots\dots\dots$ (c)

電路總阻抗 $Z_T = \dfrac{1}{Y_T} = \dfrac{1}{\dfrac{R}{R^2 + X_L{}^2}} = \dfrac{R^2 + X_L{}^2}{R} = \dfrac{X_L X_C}{R}$ .... (d)

由(c)式，$X_L{}^2 = X_L X_C - R^2$

$$= \omega L \times \dfrac{1}{\omega C} - R^2 = \dfrac{L}{C} - R^2$$

$\Rightarrow X_L = \sqrt{\dfrac{L}{C} - R^2} = 2\pi f_{rp} L$ ，f_{rp} 為並聯時之諧振頻率，

$\Rightarrow f_{rp} = \dfrac{X_L}{2\pi L} = \dfrac{1}{2\pi L}\sqrt{\dfrac{L}{C} - R^2}$

$$= \dfrac{1}{2\pi L}\sqrt{\left(\dfrac{L}{C} - R^2\right) \times \dfrac{C/L}{C/L}} = \dfrac{1}{2\pi L}\sqrt{\dfrac{1 - R^2\left(C/L\right)}{C/L}}$$

$$= \dfrac{1}{2\pi L\sqrt{C/L}}\sqrt{1 - \dfrac{R^2 C}{L}} = \dfrac{1}{2\pi\sqrt{LC}}\sqrt{1 - \dfrac{R^2 C}{L}}$$ .... (e)

因為 $\dfrac{1}{2\pi\sqrt{LC}}$ 為串聯時之諧振頻率 f_{rs}，故

$f_{rp} = f_{rs}\sqrt{1 - \dfrac{R^2 C}{L}}$ ....(f)

由(f)式可知：$\left(1 - \dfrac{R^2 C}{L}\right)$ 必須大於零，否則電路無法發生諧振，

所以 $\dfrac{R^2 C}{L} < 1$，或 $R^2 < \dfrac{L}{C}$，或 $R < \sqrt{\dfrac{L}{C}}$。

3. 由(f)式：

$$f_{rp} = f_{rs}\sqrt{1 - \frac{R^2 C\omega}{L\omega}} = f_{rs}\sqrt{1 - \frac{R^2 \frac{1}{X_C}}{X_L}} = f_{rs}\sqrt{1 - \frac{R^2}{X_L X_C}} = f_{rs}\sqrt{1 - \frac{R^2}{R^2 + X_L{}^2}}$$

$$= f_{rs}\sqrt{\frac{X_L{}^2}{R^2 + X_L{}^2}} = f_{rs}\sqrt{\frac{\left(X_L{}^2\right)\big/R^2}{\left(R^2 + X_L{}^2\right)\big/R^2}}$$

因為品質因數 $Q_p = \dfrac{X_L}{R}$，所以

$$f_{rp} = f_{rs}\sqrt{\frac{\left(X_L{}^2\right)\big/R^2}{\left(R^2 + X_L{}^2\right)\big/R^2}} = f_{rs}\sqrt{\frac{Q_p{}^2}{1 + Q_p{}^2}} \dots\dots\dots\dots\dots\dots\dots\dots\text{(g)}$$

由(g)式可知：若 $Q_p \geq 10$，則 $f_{rp} = f_{rs}$。

4. 由(b)式及品質因數 $X_L = Q_p \times R$：

$$\frac{1}{X_C} = \frac{X_L}{R^2 + \left(Q_p R\right)^2} = \frac{X_L}{R^2 \left(1 + Q_p{}^2\right)}$$

若 $Q_p \geq 10$，則 $\dfrac{X_L}{R^2\left(1 + Q_p{}^2\right)} \approx \dfrac{X_L}{R^2 Q_p{}^2}$

所以 $\dfrac{1}{X_C} \approx \dfrac{X_L}{R^2 Q_p{}^2} = \dfrac{X_L}{X_L{}^2} = \dfrac{1}{X_L}$

$\Rightarrow X_C = X_L$

(在 $Q_p \geq 10$ 之前提下，槽路發生諧振的條件為 $X_C = X_L$)

5. 由(d)式：

$$Z_T = \frac{X_L X_C}{R} = \frac{X_L^2}{R} = \frac{X_L^2}{R} \times \frac{R}{R} = \frac{X_L^2}{R^2} \times R = Q_p^2 \times R \quad (Q_p \geq 10)$$

6. $BW = \dfrac{f_{rp}}{Q_p}$

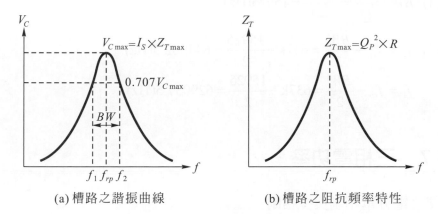

(a) 槽路之諧振曲線　　　　(b) 槽路之阻抗頻率特性

圖 6-50　並聯諧振電路之特性

例 6-27

電路如圖 6-51，此時該電路諧振。求(1) X_C，(2) Z_T，(3) f_{rp}，若 $L = 10\mu H$，(4)頻寬，(5)上(f_2)、下(f_1)截止頻率。

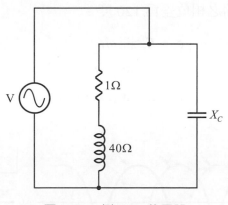

圖 6-51　例 6-27 的電路

(1) $Q_p = \dfrac{X_L}{R} = \dfrac{40}{1} = 40 > 10$ ，所以 $X_C = X_L = 40(\Omega)$

(2) $Z_T = Q_p{}^2 \times R = 40^2 \times 1 = 1600(\Omega)$

(3) $f_{rp} = \dfrac{X_L}{2\pi L} = \dfrac{40}{2\pi \times 10\mu} = 637\text{k(Hz)}$

(4) $BW = \dfrac{f_{rp}}{Q_p} = \dfrac{637\text{k}}{40} = 15925(\text{Hz})$

(5) $f_2 = f_{rp} + \dfrac{BW}{2} = 637\text{k} + \dfrac{15925}{2} = 644962.5(\text{Hz})$

$f_1 = f_{rp} - \dfrac{BW}{2} = 637\text{k} - \dfrac{15925}{2} = 629037.5(\text{Hz})$

6.7 三相電功率

一、交流電分單相制與多相制

1. 單相：電流由單個交變電勢所供給。

2. 多相：電流由多個(n 個)相位不同($\dfrac{360°}{n}$)之交變電勢所供給。

二、三相電勢

1. 由獨立的三組一樣且位置相隔 120 度之線圈的感應電動勢所產生。

2. 每相電壓間之相位差為 120 度。

$$e_a = E_m \sin \omega t$$
$$e_b = E_m \sin(\omega t - 120°)$$
$$e_c = E_m \sin(\omega t + 120°)$$

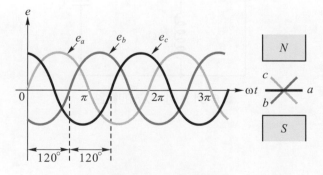

圖 6-52　三相電勢

3. 較單相爲佳之優點有：

(1) 輸出功率穩定(轉子運轉因對稱而穩定)。

(2) 若各相之電流與電壓均與單相制相等，則三相之視在功率爲單相之 3 倍。

4. 繞組之連接型式分類

(1) △型：如圖 6-53 所示。

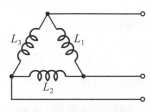

圖 6-53　△型繞組

(2) Y 型，又分成

① 三線制：如圖 6-54 所示。

② 四線制：如圖 6-55 所示。

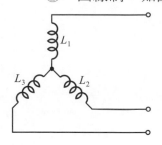

圖 6-54　Y 型三線制繞組

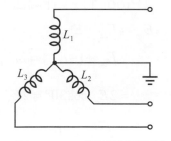

圖 6-55　Y 型四線制繞組

三、相電壓(流)與線電壓(流)

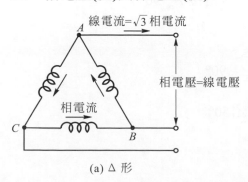

(a) △ 形

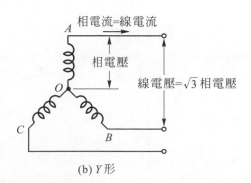

(b) Y 形

圖 6-56　相電壓(流)與線電壓(流)

1. 相電壓(Phase voltage, v_P)

    (1) 繞組上各個獨立線圈所產生之電壓。對 Y 型繞組而言即為各線圈與 O 點(中性點)間電壓(v_{AO}、v_{BO}、v_{CO})。

    (2) 於發電機內部。

    (3) 其上之電流為相電流(Phase current, i_P)。

2. 線電壓(Line voltage, v_L)

    (1) 繞組上線圈與線圈間之電壓

    (2) 於發電機外部

    (3) 其上之電流為線電流(Line current, i_L)

3. Y 型電路中(負載平衡時)相電壓(流)與線電壓(流)間之關係

    (1) $E_L = \sqrt{3} E_P$

    (2) $I_P = I_L$

    (3) 線電壓超前相電壓30°。

    【Proof 1】：作圖法

$$E_{ab} = E_{ao} + E_{ob}$$
$$= E_{ao} + (-E_{bo}) = 2E_{od}$$
$$= 2E_{ao} \cos 30° = 2E_{ao} \frac{\sqrt{3}}{2}$$
$$= \sqrt{3} E_{ao} \angle 30°$$

(i.e.大小部分：線電壓為相電壓的 $\sqrt{3}$ 倍；

　　　相位部分：E_{ab} 領先 E_{ao} 30°、落後 E_{co} 90°)

同理可證：

$$E_{bc} = \sqrt{3} E_{bo} \angle -90°$$

$$E_{ca} = \sqrt{3} E_{co} \angle 150°$$

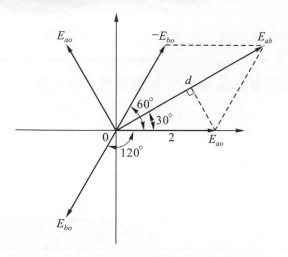

圖 6-57　Y 型電路中(負載平衡時)電壓相量圖

【Proof 2】：計算法

$$E_L = E_{ab} = E_{ao} + E_{ob} = E_{ao} - E_{bo}$$

$$= E_P \angle 0° - E_P \angle -120°$$

$$= [E_P + j0] - [E_P \cos(-120°) + jE_P \sin(-120°)]$$

$$= E_P - E_P \left[-\frac{1}{2} - j\frac{\sqrt{3}}{2} \right]$$

$$= \frac{3}{2}E_P + j\frac{\sqrt{3}}{2}E_P$$

$$= \sqrt{3}E_P \angle 30°$$

(4)　功率

①　各線圈之視在功率：$S' = V_P \times I_P$

②　三相之視在功率是單相視在功率的 3 倍：

$$S = 3S' = 3V_P \times I_P \text{(以相電壓表示)}$$

$$= 3\left(\frac{1}{\sqrt{3}}V_L \right) \times I_L = \sqrt{3}V_L \times I_L \text{(以線電壓表示)}$$

③　若功率因數不等於 1，則總功率(實功)

$$P = 3S' \times \cos\theta = \sqrt{3}V_L \times I_L \times \cos\theta$$

例 6-28

一 Y 型連結之線電壓為 380V，相電流為 20A。求功率因數為 1 時之總功率大小？

 解　$P = \sqrt{3}V_L \times I_L \times \cos\theta = \sqrt{3} \times 380 \times 20 \times 1 = 13164\text{(W)}$

例 6-29

一 Y 型連結之發電機的額定容量為 1500kVA，線電壓為 2300V。求(1)線電流，(2)相電流，(3)相電壓？

 解
(1) 線電流 $I_L = \dfrac{S}{\sqrt{3}V_L} = \dfrac{1500 \times 10^3}{\sqrt{3} \times 2300} = 377\text{(A)}$

(2) 相電流 $I_P = I_L = 377\text{A}$

(3) 相電壓 $V_P = \dfrac{V_L}{\sqrt{3}} = \dfrac{2300}{\sqrt{3}} = 1330\text{(V)}$

4.　△型電路中(負載平衡時)相電壓(流)與線電壓(流)間之關係

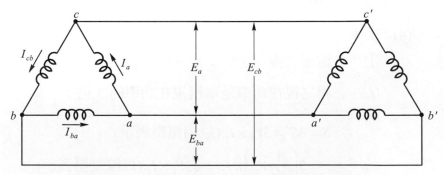

圖 6-58　△型電路中之相電壓(流)與線電壓(流)

(1)　$E_L = E_P$

(2)　$I_L = \sqrt{3}I_P$

(3)　線電流落後相電流30°。

【Proof 1】：作圖法

由圖 6-58 可知：$I_{aa'} = I_L = I_{ba} - I_{ac}$

由圖 6-59 可知：$I_{ba} - I_{ac} = I_{ba} + I_{ca} = I_{aa'} = 2I_{OD}$

$$= 2I_{ba}\cos 30° = 2I_{ba}\frac{\sqrt{3}}{2}$$

$$= \sqrt{3}I_{ba}\angle -30°$$

(i.e.大小部分：線電流為相電流的 $\sqrt{3}$ 倍；

　　相位部分：$I_{aa'}$ 落後 I_{ba} 30°、領先 I_{cb} 90°)

同理可證：

$$I_{bb'} = \sqrt{3}I_{cb}\angle 210°$$

$$I_{cc'} = \sqrt{3}I_{ac}\angle 90°$$

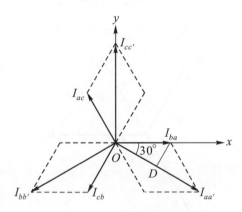

圖 6-59　△型電路中(負載平衡時)電流相量圖

【Proof 2】：計算法

$I_L = I_{aa'} = I_{ba} - I_{ac}$

$\quad = I_P\angle 0° - I_P\angle 120°$

$\quad = [I_P + j0] - [I_P\cos(120°) + jI_P\sin(120°)]$

$\quad = E_P - E_P\left[-\dfrac{1}{2} + j\dfrac{\sqrt{3}}{2}\right]$

$\quad = \dfrac{3}{2}I_P - j\dfrac{\sqrt{3}}{2}I_P = \sqrt{3}I_P\angle -30°$

(4) 功率

① 各線圈之視在功率：$S' = V_P \times I_P$

② 三相之視在功率是單相視在功率的 3 倍：

$$S = 3S' = 3V_P \times I_P \text{(以相電壓表示)}$$
$$= 3V_L \times \left(\frac{1}{\sqrt{3}} I_L \right) = \sqrt{3} V_L \times I_L \text{(以線電壓表示)}$$

5. Y 型較 △ 型常用的原因

(1) Y 型有中性點(Neutral Point)，可保護設備及人員安全，而 △ 型無。

(2) △ 型本身即構成一迴路，於負載不平衡時(造成相位差不為 120°)本身即有循環電流，因而產生功率損耗。

6. 三相平衡時各電壓、電流之向量和為零，如圖 6-60。

$$E_{ba} + E_{ac} = E_{bc} = -E_{cb} \Rightarrow E_{ba} + E_{ac} + E_{cb} = 0$$

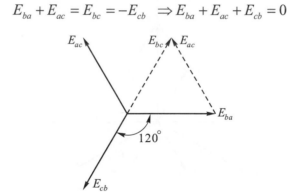

圖 6-60　三相平衡時之電壓相量圖

四、功率之量度

1. 電流之量測以線圈為量度工具，因通過線圈之電流大小可感應出不同大小的磁場，進而使指針有不同角度之偏轉，再配合經過校正過之刻度，即可讀得待側值。

2. 量測電流時，量測線圈須與待測電路串聯(或以一阻抗極小之量測線圈與待測電路並聯，以使量測線圈分得絕大多數電流)。

3. 量測電壓大小則量測線圈須與待測電路並聯。

4. 功率量測以瓦特計為量測工具。瓦特計中有兩個線圈,一個是固定的與負載串聯,其上的電流與負載電流成正比,稱為「電流線圈(Current coil)」。另一個附有指針與負載並聯,其上的電流與負載電壓成正比,稱為「電位線圈(Potential coil)」。電位線圈上之指針的偏轉量與 a.電流線圈之電流有效值、b.電位線圈之電壓有效值、c.兩線圈信號間之相角的餘弦值(Cosine)等三者之乘積成正比。

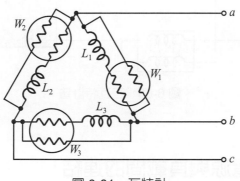

圖 6-61　瓦特計

5. 三相功率量測有三瓦特計法及二瓦特計法。

(1) 三瓦特計法

① 三相平衡或不平衡均適用。

② 三相功率為各單相功率的和。$W_t = W_1 + W_2 + W_3$,如圖 6-62。

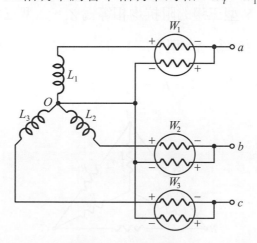

圖 6-62　三瓦特計法

(2) 二瓦特計法

① 需考慮功率因素，讀值正負號等問題。

② 需以公式求之，較複雜。

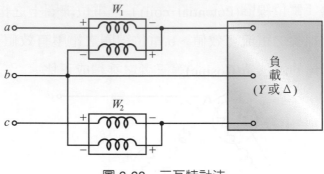

圖 6-63　二瓦特計法

 ## 6.8　三相電源與負載間的連結

一、由三相電源供應能量給負載之電力系統，常標記為 X-X 系統，其中第一個 X 指的是電源、第二個 X 指的是負載。例如 Y-△系統，係指由 Y 型繞組供應電源給△型負載。

二、Y 型與△型間阻抗的互換

如圖 6-64，若 Y 型三邊的阻抗均相等為 Z_Y、△型三邊的阻抗均相等為 Z_Δ，則△型的阻抗為 Y 型的 3 倍，i.e. $Z_Y = \dfrac{1}{3}Z_\Delta$，或 $Z_\Delta = 3Z_Y$。若 $R_a = R_b = R_c = 1\Omega$，則 $R_1 = R_2 = R_3 = 3\Omega$。

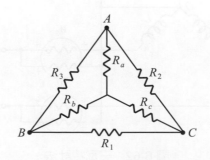

圖 6-64　Y 型與△型間阻抗的互換

例 6-30

一平衡三相 Y-Y 系統,其各相之負載均為 20Ω 之電阻,電源相電壓為 120V。求(1)負載之相電壓,(2)負載之線電壓,(3)負載之相電流,(4)負載三相電流之向量和,(5)線電流?

解 依據題意,該系統可表示如圖 6-65。

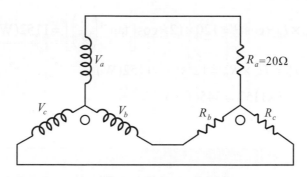

圖 6-65 例 6-30 的電路

(1) 相電壓:$v_{Pa} = 120\angle 0° \text{ V}$, $v_{Pb} = 120\angle 120° \text{ V}$, $v_{Pc} = 120\angle -120° \text{ V}$

(2) 線電壓:$V_L = \sqrt{3}V_P = \sqrt{3} \times 120 = 208(\text{V})$

(3) 相電流:$i_{Pa} = \dfrac{v_{Pa}}{Z_a} = \dfrac{120\angle 0°}{20\angle 0°} = 6\angle 0°(\text{A})$

$$i_{Pb} = \dfrac{v_{Pb}}{Z_b} = \dfrac{120\angle 120°}{20\angle 0°} = 6\angle 120°(\text{A})$$

$$i_{Pc} = \dfrac{v_{Pc}}{Z_c} = \dfrac{120\angle -120°}{20\angle 0°} = 6\angle -120°(\text{A})$$

(4) $i = i_{Pa} + i_{Pb} + i_{Pc}$

$= 6\angle 0° + 6\angle 120° + 6\angle -120°$

$= (6 + j0) + (-3 + j5.196) + (-3 - j5.196)$

$= 0(\text{A})$

(5) 線電流:$I_L = I_P = 6\text{A}$

例 6-31

一平衡三相 Y-Y 系統，若線路電壓為 208V，其各相之負載均為$(8 + j6)\Omega$。求(1)相電流，(2)線電流，(3)相實功率，(4)三相之總功率？

 (1) $V_P = \dfrac{V_L}{\sqrt{3}} = \dfrac{208}{\sqrt{3}} = 120(\text{V})$ ， $I_P = \dfrac{V_P}{Z_P} = \dfrac{120}{8+j6} = \dfrac{120}{10} = 12(\text{A})$

(2) $I_L = I_P = 12\text{A}$

(3) $P_P = V_P \times I_P \times \cos\theta = 120 \times 12 \times \cos\left[\tan^{-1}\left(\dfrac{6}{8}\right)\right] = 1152(\text{W})$

　　　另解：$P_P = I_P^2 \times R_P = 12^2 \times 8 = 1152(\text{W})$

(4) $P = 3P_P = 3 \times 1152 = 3456(\text{W})$

例 6-32

一平衡三相 Y-△系統，若無載時電源電壓為 440V，電源內阻為$(4 + j6)\Omega$，其各相之負載均為$(8 + j6)\Omega$。求電源及負載之(1)線電壓，(2)線電流，(3)相電壓，(4)相電流，以及負載之(5)相功率，(6)三相之總功率？

解 依據題意，該系統之電源可表示如圖 6-66。

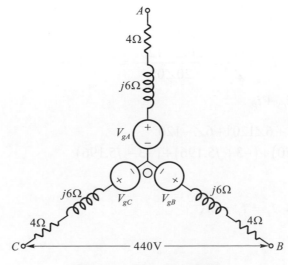

圖 6-66　例 6-32 的電源

因為無載時電流為零，故內阻沒有壓降，依 Y 型的特性可知：

$V_{gA} = \dfrac{V_{LA}}{\sqrt{3}} = \dfrac{440}{\sqrt{3}} \angle 0° \text{ V}$ ， $V_{gB} = \dfrac{V_{LB}}{\sqrt{3}} = \dfrac{440}{\sqrt{3}} \angle 120° \text{ V}$ ， $V_{gC} = \dfrac{V_{LC}}{\sqrt{3}} = \dfrac{440}{\sqrt{3}} \angle -120° \text{ V}$ 。

現將△型之負載轉換為 Y 型，如圖 6-67：

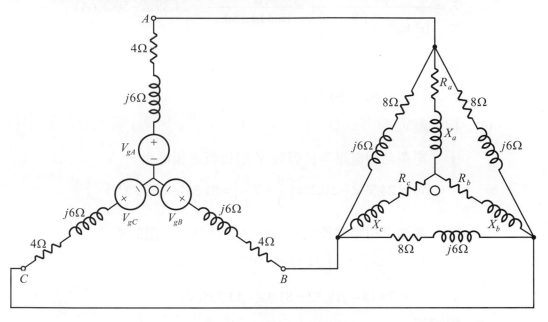

圖 6-67　例 6-32 的電路

轉換後 Y 型之阻抗：

$R_a = R_b = R_c = \dfrac{8}{3} \Omega$ ， $X_a = X_b = X_c = j\dfrac{6}{3} \Omega$ 。

轉換後 Y-Y 系統之每一單相等效電路，如圖 6-68 所示。

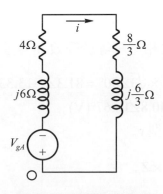

圖 6-68　單相等效電路

1. 電源部分：

   (1) 相電流 i_P

   $$i_P = \frac{\dfrac{440}{\sqrt{3}} \angle 0°}{(4+j6) + \left(\dfrac{8}{3} + j\dfrac{6}{3}\right)} = \frac{\dfrac{440}{\sqrt{3}} \angle 0°}{10.414 \angle 50.2°} = 24.39 \angle -50.2°(A)$$

   (2) 線電流 i_L

   $$i_L = i_P = 24.39 \angle -50.2° A$$

   (3) 相電壓 v_P

   ① 電源之相電壓等於等效 Y 型負載之相電壓

   $$v_P = 24.39 \angle -50.2° \times \left(\frac{8}{3} + j\frac{6}{3}\right) = 81.3 \angle -13.33°(V)$$

   ② 電源之相電壓等於無載時之電壓減去內阻的壓降

   $$v_P = \frac{440}{\sqrt{3}} \angle 0° - \left[24.39 \angle -50.2° \times (4+j6)\right]$$
   $$= 79.18 - j18.72 = 81.3 \angle -13.33°(V)$$

   (4) 線電壓 v_L

   ① $v_L = v_P \times \sqrt{3} \angle 30° = 81.3 \angle -13.33° \times \sqrt{3} \angle 30° = 140.8 \angle 16.67°(V)$

   ② 電源之線電壓等於△型負載之相電壓

2. 負載部分：

   要由相電壓 v_P 開始求

   (1) 相電壓 v_P

   ① △型負載之相電壓等於等效 Y 型負載之線電壓

   $$Y 型 \ v_L = v_P \times \sqrt{3} \angle 30° = 81.3 \angle -13.33° \times \sqrt{3} \angle 30°$$
   $$= 140.8 \angle 16.67°(V)$$
   $$= △型 \ v_P$$

   ② △型 $v_P = i_P \times Z_P$

(2) 線電壓 v_L

$$v_L = v_P = 140.8\angle16.67°\text{V}$$

(3) 相電流 i_P

$$i_P = \frac{v_P}{Z_P} = \frac{140.8\angle16.67°}{8+j6} = 14.08\angle-20.2°\text{(A)}$$

(4) 線電流 i_L

① △型之

$$i_L = i_P \times \sqrt{3}\angle-30° = 14.08\angle-20.2° \times \sqrt{3}\angle-30° = 24.39\angle-50.2°\text{(A)}$$

② △型負載之線電流等於 Y 型電源之線電流。

(5) 功率 Power

① $S_P = i_P \times v_P = 14.08 \times 140.8 = 1982.46(VA)$，或是由 P_P 及 Q_P 求得：

$$P_P = i_P{}^2 \times R_{P\triangle} = 14.08^2 \times 8 = 1586\text{(W)}$$

$$= i_L{}^2 \times R_{PY} = 24.39^2 \times \frac{8}{3} = 1586\text{(W)}$$

$$Q_P = i_P{}^2 \times X_P = 14.08^2 \times 6 = 1189.48\text{(VAR)}$$

$$S_P = \sqrt{P_P{}^2 + Q_P{}^2} = \sqrt{1586^2 + 1189.48^2} = 1982.46\text{(VA)}$$

② $P = 3P_P = 3 \times 1586 = 4758\text{(W)}$

例 6-33

一平衡三相△-Y 系統，若無載時電源電壓爲 400V，電源內阻爲 $(3+j4)\Omega$，其各相之負載均爲 $(8+j6)\Omega$。求電源及負載之(1)線電壓，(2)線電流，(3)相電壓，(4)相電流，以及負載之(5)相實功率，(6)三相之總功率？

 依據題意，該系統可表示如圖 6-69(將△型之電源轉換爲 Y 型)。

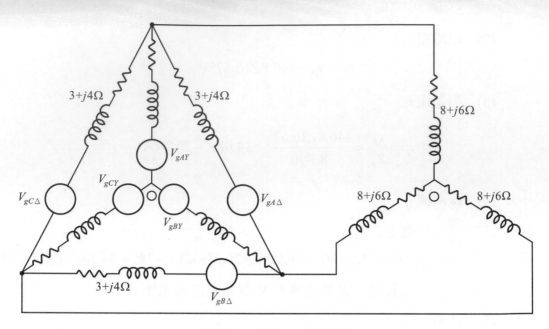

圖 6-69　例 6-33 的電路

將△型之電源轉換為 Y 型，則轉換後 Y 型之阻抗：

$$Z_Y = \frac{1}{3}Z_\Delta = \frac{1}{3}(3+j4) = 1+j\frac{4}{3}(\Omega)$$

因為無載時電流為零，故內阻沒有壓降，依 Y 型的特性可知：

$$V_{gAY} = V_{PY} = \frac{V_{LY}}{\sqrt{3}} = \frac{1}{\sqrt{3}}V_{gA\Delta} = \frac{400}{\sqrt{3}}\angle 0° \text{ V} ，\ V_{gBY} = \frac{400}{\sqrt{3}}\angle 120°\text{V} ，$$

$$V_{gCY} = \frac{400}{\sqrt{3}} = \angle -120°\text{V} 。$$

轉換後 Y-Y 系統之每一單相等效電路如圖 6-70 所示。

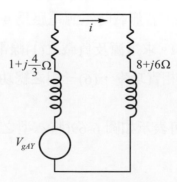

圖 6-70　單相等效電路

1. 負載部分：

   由相電流開始求

   (1) 相電流 i_P

   $$i_P = \frac{\dfrac{400}{\sqrt{3}}\angle 0°}{\left(1+j\dfrac{4}{3}\right)+\left(8+j6\right)} = \frac{\dfrac{400}{\sqrt{3}}\angle 0°}{11.61\angle 39.17°} = 19.9\angle -39.17°(\text{A})$$

   (2) 線電流 i_L

   $$i_L = i_P = 19.9\angle -39.17°\text{A}$$

   (3) 相電壓 v_P

   $$v_P = i_P \times Z_P = 19.9\angle -39.17° \times (8+j6) = 199\angle -2.3°(\text{V})$$

   (4) 線電壓 v_L

   $$v_L = v_P \times \sqrt{3}\angle 30° = 199\angle -2.3° \times \sqrt{3}\angle 30° = 344.68\angle 27.7°(\text{V})$$

   (5) 功率 Power

   ① $P_P = i_P^2 \times R_P = 19.9^2 \times 8 = 3168(\text{W})$

   ② $P = 3P_P = 3 \times 3168 = 9504(\text{W})$

2. 電源部分：

   (1) 相電壓 v_P

   △型電源之相電壓等於 Y 型負載之線電壓

   $$v_P = 344.68\angle 27.7°\text{V}$$

   (2) 線電壓 v_L

   △型電源 $v_L = v_P = 344.68\angle 27.7°\text{V}$

   (3) 線電流 i_L

   △型電源之線電流等於 Y 型負載之線電流

   △型電源 $i_L = 19.9\angle -39.17°\text{A}$

   (4) 相電流 i_P

   △型電源之

   $$i_P = i_L \times \frac{1}{\sqrt{3}}\angle 30° = 19.9\angle -39.17° \times \frac{1}{\sqrt{3}}\angle 30° = 11.49\angle -9.17°(\text{A})$$

例 6-34

一平衡三相△-Y 系統，若無載時電源電壓為 400V，電源內阻為(3+j4)Ω，其各相之負載均為(8+j6)Ω。求電源及負載之(1)線電壓，(2)線電流，(3)相電壓，(4)相電流，(5)負載之相實功率，(6)三相之總功率？

解 依據題意，該系統可表示如圖 6-71(將 Y 型之負載轉換為△型)。

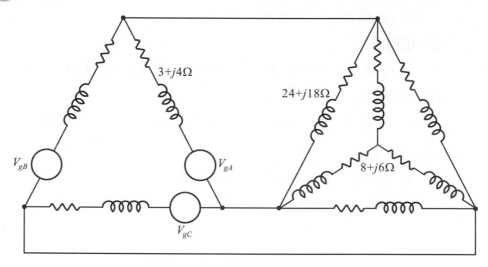

圖 6-71　例 6-34 的電路

將 Y 型之負載轉換為△型，則轉換後△型之阻抗：

$$Z_\Delta = 3Z_Y = 3 \times (8 + j6) = 24 + j8(\Omega)$$

因為無載時電流為零，故內阻沒有壓降，依△型的特性可知：

$V_{gA} = 400\angle 0°$ V ，$V_{gB} = 400\angle 120°$V ，

$V_{gC} = 400\angle -120°$V 。

轉換後△-△系統之每一單相等效電路如圖 6-72 所示。

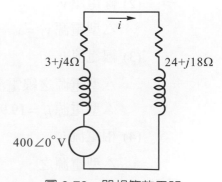

圖 6-72　單相等效電路

1. 負載部分：

    (1) 相電流 i_P

    $\triangle$型負載之 $i_P = \dfrac{400\angle 0°}{(3+j4)+(24+j18)} = 11.49\angle -39.17°(A)$

    Y 型負載之 i_P＝$\triangle$型負載之

    $i_L = 11.49\angle -39.17° \times \sqrt{3}\angle -30° = 19.9\angle -69.17°$

    (2) 線電流 i_L

    Y 型負載之 $i_L = i_P = 19.9\angle -69.17°A$

    (3) 線電壓 v_L

    Y 型負載之 v_L＝$\triangle$型負載之

    $v_P = 11.49\angle -39.17° \times (24+j18) = 344.7\angle -2.3°(V)$

    (4) 相電壓 v_P

    Y 型負載之 $v_P = \dfrac{v_L}{\sqrt{3}\angle 30°} = \dfrac{344.7\angle -2.3°}{\sqrt{3}\angle 30°} = 199\angle -32.3°(V)$

    (5) 功率 Power

    ① $P_P = 11.49^2 \times 24 = 19.9^2 \times 8 = 3168(W)$

    ② $P = 3P_P = 3 \times 3168 = 9504(W)$

2. 電源部分：

    (1) 相電壓 v_P

    $\triangle$型電源之相電壓等於 Y 型負載之線電壓

    $v_P = 344.4\angle -2.3°V$

    (2) 線電壓 v_L

    $\triangle$型電源 $v_L = v_P = 344.4\angle -2.3°V$

    (3) 線電流 i_L

    $\triangle$型電源之線電流等於 Y 型負載之線電流

    $\triangle$型電源 $i_L = 19.9\angle -69.17°A$

(4) 相電流 i_P

△型電源之

$$i_P = i_L \times \frac{1}{\sqrt{3}} \angle 30° = 19.9 \angle -69.17° \times \frac{1}{\sqrt{3}} \angle 30° = 11.49 \angle -39.17° (A)$$

【此類問題可僅討論大小、不討論角度，因角度會因所定基準零度不同而異。】

例 6-35

一平衡三相 Y-△系統，若無載時電源電壓為 300V，電源每相內阻為 $(8 + j6)\Omega$，其各相之負載均為 $(3 + j3)\Omega$。求電源及負載之(1)線電壓，(2)線電流，(3)相電壓，(4)相電流，以及負載之(5)相實功率，(6)三相之總功率？不用計算角度，且將結果列表。

 依據題意，該系統可表示如圖 6-73(將△型之負載轉換為 Y 型)。

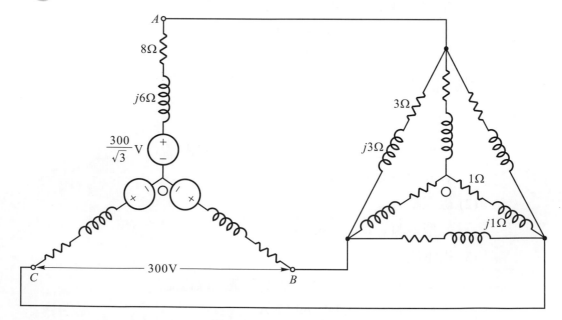

圖 6-73　例 6-35 的電路

將△型之負載轉換為 Y 型，則轉換後 Y 型之阻抗為 $1+j1\Omega$

因為無載時電流為零，故內阻沒有壓降，依 Y 型的特性可知電源每相電壓為 $\dfrac{300}{\sqrt{3}}$ V。

(1) 轉換後之單相電流為

$$\frac{\dfrac{300}{\sqrt{3}}}{(8+1)+j(6+1)}=\frac{\dfrac{300}{\sqrt{3}}}{11.4}=15.19(\text{A})=\text{電源}\,i_P=\text{電源}\,i_L$$

(2) Y 型負載之 $v_P=15.19\times(1+j1)=21.48(\text{V})=$ 電源 v_P

(3) △型負載之 $v_P=$ Y 型負載之 $v_L=21.48\times\sqrt{3}=37.20(\text{V})=$ 電源 v_L
　　　　　　　　　$=$ △型負載之 v_L

(4) △型負載之 $i_P=\dfrac{37.2}{3+j3}=8.77(\text{A})$

(5) △型負載之 $i_L=8.77\times\sqrt{3}=15.19(\text{A})$

(6) $P_P=i_P{}^2\times R_P=8.77^2\times3=230.74(\text{W})$

(7) $P=3P_P=3\times230.74=692.22(\text{W})$

表 6-1

	電源	負載
相電流 i_P	15.19A	8.77A
線電流 i_L	15.19A	15.19A
相電壓 v_P	21.48V	37.20V
線電壓 v_L	37.20V	37.20V
功率 Power		$P_P=230.74\text{W}$ $P=692.22\text{W}$

1. 電路如圖(1)。求(1)總阻抗 Z_T (請以相量表示)，(2)電流 i (請以正弦函數表示)，(3)e_R，(4)e_L，(5)e_C，(6)驗證克希荷夫電壓定律(KVL)。

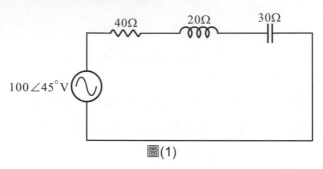

圖(1)

2. 電路如圖(2)。求(1)總阻抗 Z_T (請以相量表示)，(2)電流 i (請以正弦函數表示)，(3)e_R，(4)e_L，(5)e_C，(6)電感量 L，(7)電容量 C，(8)驗證克希荷夫電壓定律(KVL)。

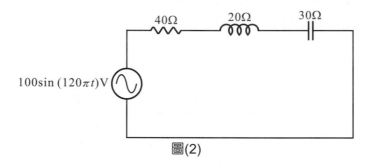

圖(2)

3. 電路如圖(3)。求(1)總阻抗 Z_T，(2)Z_{ab}，(3)Z_{bc}，(4)總功率，(5)虛功率，(6)功率因數，(7)電抗因素，(8)判別此為電感性或電容性電路。(以上若有相位角者均請以極座標表示)

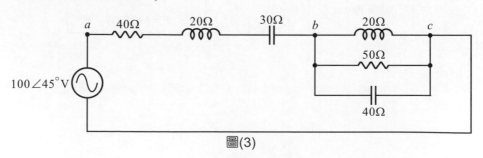

圖(3)

4. 電路如圖(4)。求(1)總阻抗 Z_T，(2)I，(3)I_R，(4)I_C，(5)驗算 I，I_R，I_C 間是否符合 KCL。(以上均請以極座標表示)

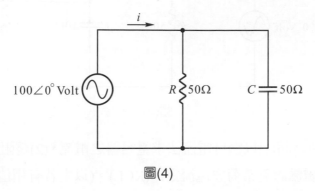

$100\angle 0°$ Volt　　R ⩾ 50Ω　　C = 50Ω

圖(4)

5. 電路如圖(5)，$Z = 10\angle 25.84°$，$V_L = 100\text{V} \angle 0°$(以此相爲代表)。求(1)總功率，(2)伏安功率，(3)功率因數，(4)相電壓，(5)相電流。(以上若有相位角者均請以極座標表示)

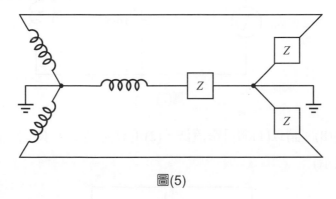

Z

圖(5)

6. 一 Y 型連結之發電機的伏安功率爲 1000kVA，線電壓爲 2000V$\angle 10°$。求(1)線電流的大小，(2)相電流的大小，(3)相電壓的大小及相位？

7. 一 Y 型連結之發電機的實功率爲 900W，$PF = 0.9$ lag，線電壓爲 200V$\angle 10°$。求(1)線電流的大小，(2)相電流的大小，(3)相電壓的大小及相位？

8. 電路如圖(6)。求(1)I，(2)I_R，(3)I_L，(4)I_C，(5)P，(6)Q，(7)Power Factor，(8)總阻抗 Z_T。(以上若有相位角者均請以極座標表示)

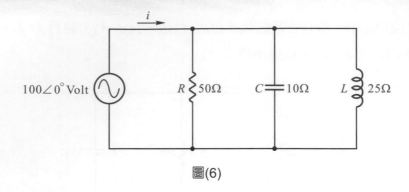

圖(6)

9. 電路如圖(7)。請(1)以網目電流法求電容器之電流，(2)總阻抗，(3)電源電流 i，(4)於 a 點處驗證克希荷夫電流定律(KCL)。(以上若有相位角者均請以極座標表示)

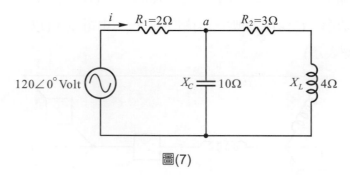

圖(7)

10.電路如圖(8)。請以(1)網目電流法，(2)重疊定理法，求電感器之電流 I。(請以極座標表示)

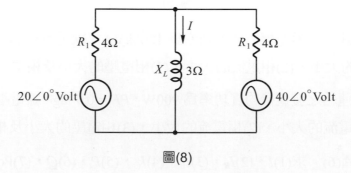

圖(8)

11.電路如圖(9)。求(1)Z_L的戴維寧等效電路，(2)使 Z_L 得到最大功率則 Z_L 之值，(3)Z_L 的最大移轉功率。

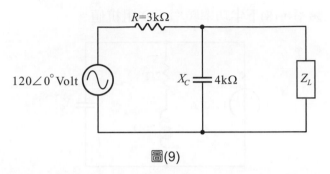

圖(9)

12.電路如圖(10)。設該電路處於諧振狀態，求(1)X_C，(2)品質因數 Q_S，(3)BW(設 f_{rs} 為 5kHz)，(4)電感值 L，(5)電容值 C，(6)最大功率，(7)上截止頻率，(8)下半功率頻率。

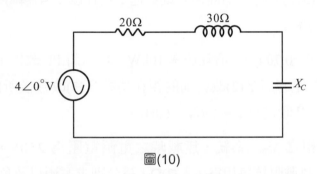

圖(10)

13.電路如圖(11)。設該電路處於諧振狀態，求(1)X_C，(2)品質因數 Q_S，(3)BW，(4)電感值 L，(5)電容值 C，(6)最大功率，(7)上截止頻率，(8)下半功率頻率。

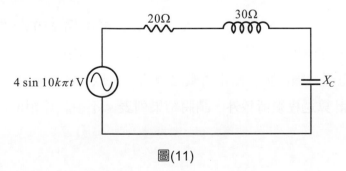

圖(11)

14. 電路如圖(12)。設該電路處於諧振狀態，求(1)X_C，(2)品質因數 Q_P，(3)若 $C = 0.01\mu F$ 則諧振頻率 f_{rp} 為多少，(4)電感值 L，(5)BW，(6)最大功率，(7)上截止頻率，(8)下半功率頻率，(9)阻抗值。

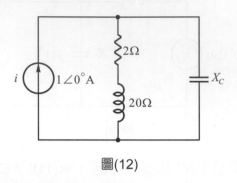

圖(12)

15. 設 $i(t) = I_m\sin\omega t$，將此電流流過一個電感 L，求推導此電感之(1)電壓 $v(t)$，(2)感抗 X_L，(3)濾波特性為高通亦或低通？為什麼？(4)瞬時功率，(5)四分之一週期的虛功率？

16. 某負載之 PF=0.70 lag，消耗功率 10kW。現欲將 PF 改善至 0.90 lag，求：(1)所應並聯之電容值？(2)改善前的視在功率？(3)改善後所使用發電機的容量至少為多少？設電源 v = 440V、60Hz。

17. 一平衡三相之 Y-△ 系統，無載時之電源電壓為 250V，電源內阻每相為 $(1 + j3)\Omega$，負載阻抗每相為 $(6 + j3)\Omega$，請分別求電源以及負載之相電流、線電流、相電壓、線電壓、每相負載之總功率、以及該負載之三相實功率。
(註：除計算過程須清楚外，請將結果列表。不須計算相位角)

18. 一平衡三相之△-Y 系統，無載時之電源電壓為 250V，電源內阻每相為 $(1 + j3)\Omega$，負載阻抗每相為 $(6 + j3)\Omega$，請分別求電源以及負載之相電流、線電流、相電壓、線電壓、每相負載之總功率、以及該負載之三相實功率。
(註：除計算過程須清楚外，請將結果列表。不須計算相位角)

Chapter **7**

電機之基本原理

　　一般所謂「電機(Electric machinery)」係指可將機械能與電能相互轉換的裝置，也就是指「發電機」與「電動機」而言。

7.1　電機之結構

一、電機乃指：

1. 發電機(Generator)：將機械能轉換為電能的裝置。

2. 電動機(Motor，音譯為「馬達」)：將電能轉換為機械能的裝置。

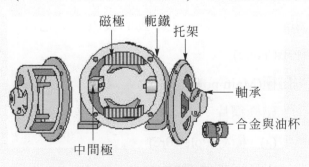

圖 7-1　直流電機的構造

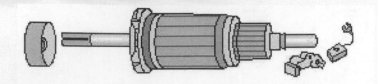

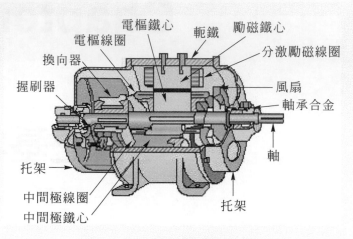

圖 7-1　直流電機的構造(續)

二、結構(以直流電機為例)示於圖 7-1，主要元件分列如下：

1. 轉子(Rotor)：工作時會繞著軸心旋轉的裝置，又包含

    (1) 電樞(Armature)，由下列二者構成：

    　① 電樞鐵心(Armature core)

    　② 電樞繞組(Armature winding)

    (2) 換向器(Commutator)

    (3) 轉軸(Shaft)

2. 定子(Stator)：工作時固定不動的裝置，又包含

    (1) 軛鐵(Yoke)

    (2) 主磁極(Main pole)

    　① 磁極鋼片

    　　(a) 極心(Pole core)

    　　(b) 極靴(極掌)(Pole shoe)

③　激磁線圈(Coil winding)

(3)　中間磁極(Inter pole)

(4)　電刷(Brush)

(5)　握刷器(Brush holder)

(6)　軸承及基座(Bearing & Base)

Note：電機的構造中有二繞組，以工作時是否運動分為不運動的「定子繞組(Stator winding)」與會運動的「轉子繞組(Rotor winding)」；若以其功能而言，則分為提供磁場的「場繞組(Field winding)」與提供輸出的「電樞繞組(Armature winding」。所謂提供輸出者，發電機係指輸出電勢的繞組，電動機則指輸出轉矩的繞組。所以轉子並不一定是電樞，定子也不一定是場繞組，須視功能而定。

3. 電機中磁極線圈的數目為 n，則稱其為 n 極電機。圖 7-2 即為一 $n = 4$ 之四極電機。

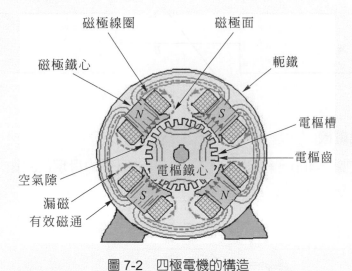

圖 7-2　四極電機的構造

7.2　發電機原理

一、佛來銘右手定則(發電機定則：$B + F \rightarrow I$)

1. 磁場中之線圈作直線運動(如圖 4-9)：

感應電動勢

$$e = -N\frac{\Delta\phi}{\Delta t} = -N\left[\frac{\Delta(B \times l \times S)}{\Delta t}\right] = -NlB\left(\frac{\Delta S}{\Delta t}\right) = -NlB \times v$$

若線圈速度 v 與磁場 B 成 θ 角,則 $e = -NBvl\sin\theta$。

因線圈作直線運動,故 θ 為定值,所以此時之感應電動勢 $e = -NBvl\sin\theta$ 為直流電。

2. 磁場中之線圈作圓周運動(如圖 5-2):

線圈在磁場中旋轉,切線速度 v 與磁場 B 夾 θ 角(如圖 7-3 所示),則 $\phi = BA\cos\theta = BA\cos\omega t$,感應電動勢

$$e = -N\frac{d\phi}{dt} = -N\left[\frac{d(BA\cos\theta)}{dt}\right] = -NlB\left(\frac{\Delta S}{\Delta t}\right) = NBA\omega\sin\omega t ,$$

係一正弦交流電。

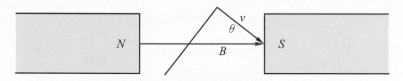

圖 7-3　線圈在磁場中旋轉

二、直流發電機

1. 如圖 7-4(a),線圈兩邊各接一個半圓型的滑環(i.e.換向器),線圈旋轉時,接點 a(或 b)在每一半圈均取出同一極性(方向)的感應電動勢,故 a、b 間的電壓亦始終維持同一極性,如圖 7-4(b)。

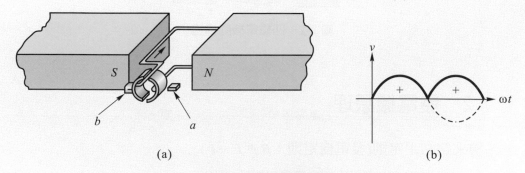

(a)　　　　　　　　　　(b)

圖 7-4　直流發電機

2.　若將線圈及換向器數目增多，則該發電機之輸出波形將趨近一穩定值，如圖 7-5。

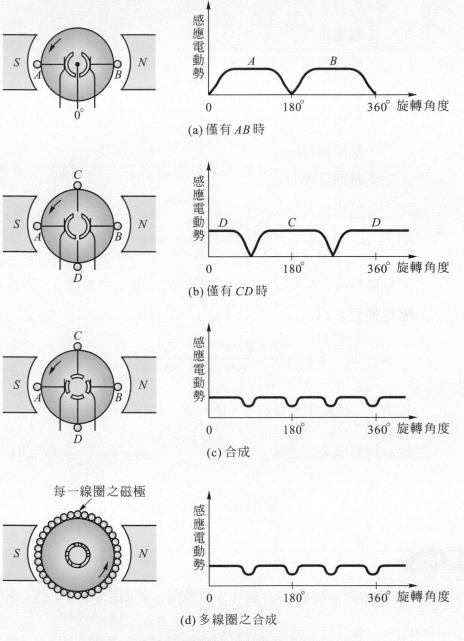

(a) 僅有 AB 時

(b) 僅有 CD 時

(c) 合成

(d) 多線圈之合成

圖 7-5　直流發電機於不同線圈數時之輸出波形

3. 該發電機每一線圈之感應電動勢 $e = Bvl$，而 $v = \dfrac{2\pi r n}{60}$，

$B = \dfrac{\phi P}{2\pi rl}$，其中

B　：磁通密度

l　：導線長度

v　：導線速度

r　：電樞半徑

n　：電樞轉速(rpm)

ϕ　：磁通量(Weber)

P　：磁極數目

則 $e = Bvl = \dfrac{\phi P}{2\pi rl} \times \dfrac{2\pi r n}{60} \times l = \dfrac{\phi P n}{60}$。

若電樞導線數目為 Z，正、負電刷間並聯電路數為 a，則該發電機之總電動勢 E 為

$$E = e \times \dfrac{Z}{a} = \dfrac{\phi P n}{60} \times \dfrac{Z}{a} = \dfrac{PZ}{60a} \times \phi n$$

其中 $\dfrac{PZ}{60a}$ 稱為電機常數 K，所以 $E = K\phi n$

設 ω 為電樞之角速度，$\omega = \dfrac{\theta}{t} = \dfrac{n \times 2\pi}{60} \Rightarrow n = \dfrac{60 \times \omega}{2\pi}$，所以

$$E = \dfrac{PZ}{60a} \times \phi n = \dfrac{PZ}{2\pi a} \times \phi \omega$$

例 7-1

四極發電機，電樞導體數 324，繞成 2 並聯路徑，每極磁通 $\phi = 6.4 \times 10^{-3}$ Weber，轉速為 1000rpm，求該發電機之總電動勢 E？

解 $E = \dfrac{PZ}{60a} \times \phi n = \dfrac{4 \times 324}{60 \times 2} \times \left(6.4 \times 10^{-3}\right) \times 1000 = 69.12(\text{V})$

7.3　電動機原理

一、佛來銘左手定則(電動機定則：$B + I \rightarrow F$)

1.　$F = IBl\sin\theta$

$$= \left(I \times \frac{\phi}{A} \times l \right)\sin\theta$$

$$= \left[I \times \left(\frac{\phi \times P}{2\pi R \times l} \right) \times l \right]\sin\theta$$

$$= \left(\frac{I\phi P}{2\pi R} \right)\sin\theta$$

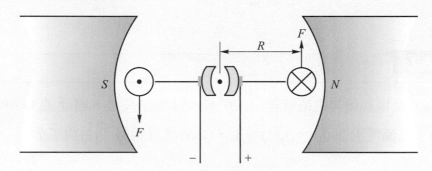

圖 7-6　直流電動機原理

2.　力矩 $T_C = (F \times R) \times 2 = FD$

其中　R：旋轉半徑

D：旋轉直徑

3.　總轉矩 T

$$T = \frac{Z}{2} \times T_C = \frac{Z}{2} \times (2FR) = ZFR$$

$$= Z \times (IBl) \times R = Z \times \left(\frac{I\phi P}{2\pi R} \right) \times R$$

$$= \frac{ZI\phi P}{2\pi}$$

若電樞電流爲 Ia，並聯路徑數爲 a，磁極數爲 p，則 $Ia = a \times I$，總轉矩：

$$T = \frac{Z\phi P}{2\pi} \times \frac{I_a}{a} = \frac{ZP}{2\pi a} \times \phi \times I_a$$

4. 感應電動勢：$E = \dfrac{ZP}{2\pi a} \times \phi \times \omega$ (電樞電壓)

5. 功率 P

$$P = E \times I_a = \frac{ZP}{2\pi a} \times \phi \times \omega \times I_a$$

$$= \left(\frac{ZP}{2\pi a} \times \phi \times I_a \right) \times \omega$$

$$= T \times \omega$$

例 7-2

四極直流電動機，電樞導體 1000 根，並聯路徑 2，磁通量 5×10^5 馬，轉速 1200rpm，電樞電流 200A，求(1)轉矩，(2)感應電動勢，(3)功率？

解 $P = 4$

$Z = 1000$

$a = 2$

$\phi = 5\times10^5 \max = 5\times10^{-3}\,\text{Wb}$

$n = 1200\,\text{rpm}$

$I_a = 200\text{A}$

(1) $T = \dfrac{PZ}{2\pi a} \times \phi \times I_a = \dfrac{4\times1000}{2\pi\times2} \times \left(5\times10^{-3}\right) \times 200 = 318.3(\text{N-m})$

(2) $E = \dfrac{ZP}{2\pi a} \times \phi \times \omega = \dfrac{4\times1000}{2\pi\times2} \times \left(5\times10^{-3}\right) \times \left(\dfrac{1200}{60}\times2\pi\right) = 200(\text{V})$

(3) $P = E \times I_a = 200 \times 200 = 40\text{k(W)}$

7.4 電機之工程概念

一、考量因素

1. 運轉溫度、機械強度、絕緣強度等均是。

2. 溫度會造成機械強度的劣化或變形,但最先發生的是絕緣物的破壞。故溫度的限制主要取決於絕緣材料。

3. 國際電工標準委員會(International Electro-technical Commission, IEC)將絕緣材料依可耐溫度分成七級:Y(90°C)、A(105°C)、E(120°C)、B(130°C)、F(155°C)、H(180°C)、C(210°C)。

4. 運轉溫度每超過 6°C~8°C 會使材料壽命減損率加倍。

二、磁場電機與電場電機

1. 電場儲能密度 $W_{fe} = \dfrac{1}{2}\varepsilon_0 E^2 \,(\text{J/m}^3)$

   其中:$\varepsilon_0 = $ 空氣誘電係數 $= 8.854 \times 10^{-12}\,\text{Farad/m}$

   $E = $ 電場強度 (V/m),空氣之最大 $E = 3 \times 10^6\,\text{V/m}$

   W_{fe} 之最大值約為 $40(\text{J/m}^3)$

2. 磁場儲能密度 $W_{fm} = \dfrac{1}{2}\mu_0 H^2 \,(\text{J/m}^3)$

   其中:$\mu_0 = $ 空氣導磁係數 $= 4\pi \times 10^{-7}\,\text{H/m}$

   $H = $ 磁場強度 (AT/m),遠大於 E_{max}

3. 除電容器外,一般所謂電機均指磁場電機。

三、直線運動與旋轉運動

直線運動			旋轉運動		
名稱	符號或定義	單位	名稱	符號或定義	單位
線位移	S	m	角位移	θ	rad
線速度	$v = \dfrac{dS}{dt}$	m/s	角速度	$\omega_m = \dfrac{d\theta}{dt}$	rad/s
線加速度	$a = \dfrac{dv}{dt} = \dfrac{d^2S}{dt^2}$	m/s²	角加速度	$\alpha = \dfrac{d\omega_m}{dt} = \dfrac{d^2\theta}{dt^2}$	rad/s²
初線速度	$v_0 = v(0)$	m/s	初角速度	$\omega_{m0} = \omega_m(0)$	rad/s
$v = v_0 + at$			$\omega_m = \omega_{m0} + \alpha t$		
$S = v_0 t + \dfrac{1}{2}at^2$			$\theta = \omega_{m0}t + \dfrac{1}{2}\alpha t^2$		
$v^2 = v_0^2 + 2aS$			$\omega_m^2 = \omega_{m0}^2 + 2\alpha\theta$		
$dS = rd\theta$					
$v = \dfrac{dS}{dt} = r\dfrac{d\theta}{dt} = r\omega_m$					
$a = \dfrac{dv}{dt} = r\dfrac{d\omega_m}{dt} = r\alpha$					
質量	m	kg	轉動慣量	J	Kg × m²
力	$F = ma$	N	力矩	$\tau = d \cdot f = r\sin\theta \cdot f = \lvert r \times F \rvert = J \cdot \alpha$	N·m
功	$dW = f \cdot dx$	J	功	$dW = \tau \cdot d\theta$	J
功率	$P = \dfrac{dW}{dt} = f\dfrac{dx}{dt} = f \cdot v$	W	功率	$P = \dfrac{dW}{dt} = \tau\dfrac{d\theta}{dt} = \tau \cdot \omega_m$	W
$P = \dfrac{\tau(lb \cdot ft) \cdot n(rpm)}{7.04}$ (W)					
$P = \dfrac{\tau(lb \cdot ft) \cdot n(rpm)}{5252}$ (hp)					

題

1. 四極直流發電機，有電梳導體 700 根，2 個並聯路徑，每極磁通量為 2×10^5 Line，轉速為 100rpm，求該發電機之感應電動勢 E？

2. 八極電動機，電樞導體 1000 根，電流路徑數 8，磁通量為 8×10^{-2} Web，電樞電流 150A，求該電動機之轉矩？

3. 有一個四極直流發電機，電樞有 60 槽，每槽有 12 根導體，該電樞接成四條並聯路徑，若每極磁通為 2×10^{-2} Wb，電樞轉速為 1,200 rpm，試求產生多少感應電動勢？

4. 國際電工標準委員會將絕緣材料依可耐溫度分成那七級？各可耐溫幾度 C？

5. 馬達的感應轉矩公式為何？

6. 發電機的感應電壓公式為何？

Chapter 8

變壓器之基本原理

 ## 8.1 變壓器原理

一、變壓器(Transformer)：

1. 將交流電之電壓升高(升壓變壓器)或降低(降壓變壓器)之裝置(頻率 f 不變)，用來傳遞交流電能。

2. 輸出與輸入均為電能，不具一般可動電機之機電能轉換功能。

二、構成要件：

1. 封閉磁路：以高導磁材料做成，俗稱「鐵心」。

2. 繞組：

   (1) 以表面覆有絕緣之導電體纏繞在磁路上。

   (2) 其上某些接點供電源輸入或裝接負載。

   (3) 有單繞、二繞、三繞、多繞等形式。

   (4) 單繞者又稱為「自耦變壓器」。

三、原理：

1. 電源側稱為「一次繞組(Primary Winding)」或「原線圈」，記為 P。

2. 負載側稱「二次繞組(Secondary Winding)」或「副線圈」，記為 S。

3. P 側之電流 i_1 產生磁通 ϕ，經鐵心構成一磁路傳遞到 S 側，因而感應出電流 i_2。

4. i_1 須為隨時間變化之電流，方能造成隨時間變化之磁通 $(\Delta\phi)$，因而才能感應出 i_2 (亦為隨時間變化之電流)。故變壓器僅適用於交流系統。

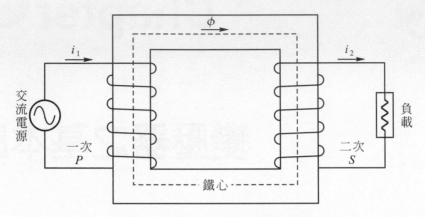

圖 8-1　變壓器的基本架構與原理

四、理想變壓器：

1. 沒有損失。

2. 沒有磁漏。

3. 主磁路沒有磁阻。

五、主要用途：

1. 變換電源之電壓與電流。

2. 調整負載之等效阻抗與匹配。

3. 調整輸出與輸入電源間之相位關係。

4. 改變輸出電源之相數。

5. 輸出入電源間之隔離與連結。

六、構造：

一般變壓器的構成有下列五大部分：

1. 鐵心(Core)

2. 線圈(Coil)

3. 油槽(Oil tank)

4. 絕緣套管(Bushing)

5. 散熱裝置(Heat dissipation equipment)

如圖 8-2 所示。

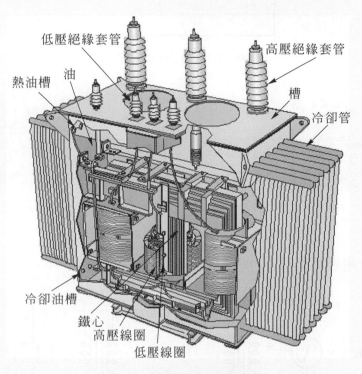

低壓絕緣套管

高壓絕緣套管

熱油槽　油

槽

冷卻管

冷卻油槽

鐵心

高壓線圈

低壓線圈

圖 8-2　標準變壓器的結構

例 8-1

一 480V，60Hz 的單相電源系統經由一阻抗為 $Z_{\text{line}} = 0.18 + j0.24\Omega$ 的線路供應能量給阻抗為 $Z_{\text{load}} = 4 + j3\Omega$ 的負載。求(1)計算其負載端電壓及線路損失，(2)若在輸電線路的電源端使用 1:10 的升壓變壓器，且在輸電線路的負載端使用 10:1 的降壓變壓器，其負載端電壓及線路損失各變成多少？設所使用的變壓器可近似為理想變壓器。

解

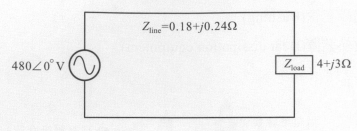

圖 8-3　例 8-1 的電路

(1) $Z_{\text{load}} = 4 + j3 = 5\angle 36.87°(\Omega)$

$I_{\text{line}} = \dfrac{V}{Z_{\text{line}} + Z_{\text{load}}} = \dfrac{480\angle 0°}{(0.18 + j0.24) + (4 + j3)} = 90.74\angle -37.78°(\text{A})$

$V_{\text{load}} = I_{\text{load}} \times Z_{\text{load}} = 90.74\angle -37.78° \times 5\angle 36.87° = 453.7\angle -0.91°(\text{V})$

$V_{\text{line}} = V - V_{\text{load}} = 480 - 453.7 = 26.3(\text{V})$

$P_{\text{loss}} = (I_{\text{line}})^2 \times R_{\text{line}} = 90.74^2 \times 0.18 = 1482(\text{W})$

(2) 使用變壓器後：

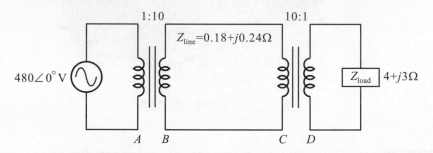

圖 8-4　例 8-1 使用變壓器後的電路

設 $a = \dfrac{N_1}{N_2}$ 為變壓器一次繞組與二次繞組之匝數比，則 Z_{load} 在 C 處的等

效阻抗為：

$Z_C = a^2 \times Z_{\text{load}} = \left(\dfrac{10}{1}\right)^2 \times (4 + j3) = 400 + j300(\Omega)$

$I_{\text{line}} = \dfrac{V_B}{Z_{\text{line}} + Z_C} = \dfrac{480\angle 0° \times 10}{(0.18 + j0.24) + (400 + j300)} = 9.594\angle -36.88°(\text{A})$

$I_{\text{load}} = 10 \times I_{\text{line}} = 10 \times 9.594\angle -36.88° = 95.94\angle -36.88°(\text{A})$

$$V_{\text{load}} = I_{\text{load}} \times Z_{\text{load}} = 95.94 \angle -36.88° \times 5 \angle 36.87° = 479.7 \angle -0.01°(\text{V})$$

$$V_{\text{line}} = V - V_{\text{load}} = 480 - 479.7 = 0.3(\text{V})$$

$$P_{\text{loss}} = \left(I_{\text{line}}\right)^2 \times R_{\text{line}} = 9.594^2 \times 0.18 = 16.57(\text{W})$$

可見使用高壓電傳輸電能可大幅減少：(1)輸電線路電流，(2)輸電線路壓降，(3)輸電線路損失。又因輸電線路電流減小，故可減少輸電線路之線材。

 ## 8.2　感應電動勢

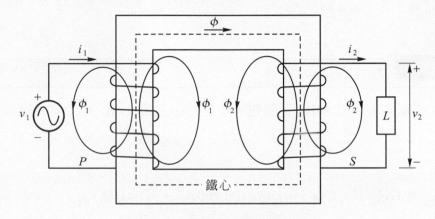

圖 8-5　變壓器的感應電動勢

如圖 8-5，其中：

ϕ ：P 產生之總磁通

ϕ_m：經鐵心傳送的磁通

ϕ_1 ：P 之磁漏

ϕ_2 ：S 之磁漏

K ：耦合系數，$K = \dfrac{\phi_m - \phi_2}{\phi} = \dfrac{\phi_m - \phi_2}{\phi_m + \phi_1}$

則感應電動勢

$$e_1 = N_1 \frac{\Delta\phi}{\Delta t} = N_1 \frac{\Delta\left(\phi_m + \phi_1\right)}{\Delta t} = N_1 \frac{\Delta\phi_m}{\Delta t}$$

$$e_2 = N_2 \frac{\Delta(\phi_m - \phi_2)}{\Delta t} = N_2 \frac{\Delta \phi_m}{\Delta t}$$

計算平均電壓(V_{av})，僅考慮正(負)半週：

$$\Delta t = \frac{T}{2} , \quad \Delta \phi_m = 2\phi_m \quad (\text{i.e. } 0 \to \phi_m \to 0)$$

$$\therefore e_{1,av} = N_1 \frac{\Delta \phi_m}{\Delta t} = N_1 \frac{2\phi_m}{\frac{T}{2}} = \frac{4N_1 \phi_m}{T} = 4N_1 f \phi_m$$

而 $e_{eff} = 1.11 e_{av}$，$\therefore e_{1,eff} = 4.44 N_1 f \phi_m$

同理，$e_{2,eff} = 4.44 N_2 f \phi_m$。

例 8-2

100 匝線圈，通以 60Hz 交流電，產生之磁通為 6×10^5 線，求感應電動勢之有效值？

 解 $e_{eff} = 4.44 \times N \times f \times \phi_m = 4.44 \times 100 \times 60 \times \frac{6 \times 10^5}{10^8} = 160(\text{V})$

8.3 理想變壓器

一、變壓器的損失：

1. 磁漏：P 側為 X_{L1}，S 側為 X_{L2}
2. 銅損：線圈電組所造成(P_{cu})
3. 鐵損：磁滯損失(P_H)，以及渦流損失(P_E)，總稱鐵損(P_{fe})。

二、若均無損失則稱理想變壓器

1. 輸入功率 $P_1 = i_1 v_1$ 輸出功率 $P_2 = i_2 v_2$
2. $\dfrac{v_1}{v_2} = \dfrac{N_1}{N_2} = \dfrac{i_2}{i_1}$

例 8-3

一單相理想變壓器，加上 120V，60Hz 之交流電源，如鐵心之磁通 $\phi_m = 5 \times 10^{-3} \text{Wb}$，(1)求 P 側之匝數 (N_1)，(2)若 S 側為12V，求 S 側之匝數 (N_2)，(3)若 S 側之功率為60W，求 i_1 及 i_2。

 解

(1) $e_1 = 4.44 N_1 f \phi_m \Rightarrow 120 = 4.44 \times N_1 \times 60 \times 5 \times 10^{-3} \Rightarrow N_1 = 90\text{T}$

(2) $\dfrac{v_1}{v_2} = \dfrac{N_1}{N_2} \Rightarrow \dfrac{120}{12} = \dfrac{90}{N_2} \Rightarrow N_2 = 9\text{T}$

(3) $P_1 = i_1 v_1 = i_1 \times 120 = 60(\text{W}) \Rightarrow i_1 = 0.5\text{A}$

$P_2 = i_2 v_2 = i_2 \times 12 = 60(\text{W}) \Rightarrow i_2 = 5\text{A}$

8.4　開路及短路試驗

執行「開路試驗(Open-circuit test)」及「短路試驗(Short-circuit test)」的目的，係依其結果來決定一變壓器之等效電路的參數，以求出該變壓器在各種工作範圍的特性。

一、開路試驗(主要在求鐵損)

亦稱「無載試驗(No-load test)」，指輸出端為開路(無載)故消耗功率很小時之測試。

1. 求直流電阻

如圖 8-6，將一直流電壓跨於繞組兩端，由伏特計 V 及安培計 A 之值即可求出繞組之直流阻值。

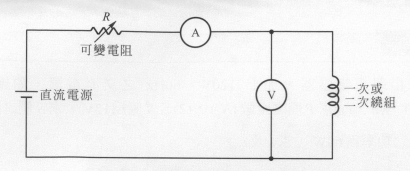

圖 8-6　變壓器繞阻之直流阻值量測

2. 求鐵損電阻及磁化電抗

　　如圖 8-7，P 為瓦特計。當高壓側(二次側)開路時，輸入阻抗由一次側之漏磁阻及激磁阻抗所組成。因高壓側無負載，通過的電流(I_m)甚小(僅為額定電流之 2%～10%)，所以銅損及一次側漏磁阻之壓降可忽略不計，P之讀數全部可視為鐵損。此時感應電動勢(E)等於外加電壓(V_L)。此時之相量圖如圖 8-8 所示(以低壓側為準)。

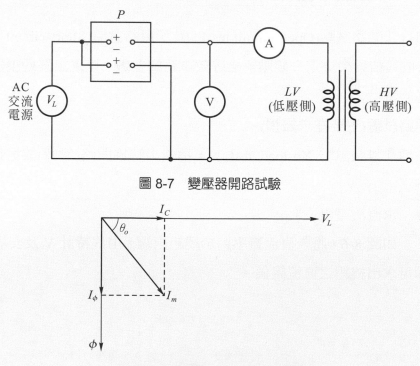

圖 8-7　變壓器開路試驗

圖 8-8　變壓器開路試驗之相量圖

(1)　無載之功率因數 $\theta_o = \cos^{-1} \dfrac{P}{V_L I_m}$

(2)　鐵損電流 $I_C = I_m \cos \theta_o$

(3)　磁化電流 $I_\phi = I_m \sin \theta_o$

(4)　低壓側之鐵損電阻 $R_{CL} = \dfrac{P}{I_C^{\,2}} = \dfrac{P}{\left(I_m \cos \theta\right)^2}$

(5)　高壓側之鐵損電阻 $R_{CH} = a^2 R_{CL}$，其中 $a = \dfrac{N_H}{N_L}$ 為高低壓側之匝數比。

(6)　低壓側之磁化電抗 $X_{\phi L} = \dfrac{E}{I_\phi} = \dfrac{V_L}{I_m \sin \theta}$

(7)　高壓側之磁化電抗 $X_{\phi H} = a^2 X_{\phi L}$

二、短路試驗(主要在求銅損)

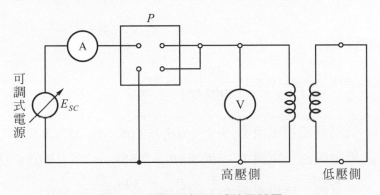

圖 8-9　變壓器短路試驗電路圖

如圖 8-9 所示，高壓側接電源、低壓側短路。因電源使用很低之電壓，所以磁化鐵損可忽略不計，瓦特計 P 可測出繞組之銅損。設 P 之指示為 P_{sc}、安培計 A 之指示為 I_{sc}、伏特計 V 之指示為 V_{sc}、$a = \dfrac{N_H}{N_L}$ 為高低壓側之匝數比，則

1.　高壓側等值繞組電阻 $R_{eH} = \dfrac{P_{sc}}{I_{sc}^{\,2}}$

2.　低壓側等值繞組電阻 $R_{eL} = \dfrac{R_{eH}}{a^2}$

3. 高壓側等值漏磁阻抗 $Z_{eH} = \dfrac{V_{sc}}{I_{sc}}$

4. 低壓側等值漏磁阻抗 $Z_{eL} = \dfrac{Z_{eH}}{a^2}$

5. 高壓側等值漏磁電抗 $X_{eH} = \sqrt{Z_{eH}^2 - R_{eH}^2}$

6. 低壓側等值漏磁電抗 $X_{eL} = \dfrac{X_{eH}}{a^2}$

例 8-4

一變壓器容量 50kVA，一次側及二次測之電壓分別為 2400V、120V。(1)進行開路試驗時，在低壓側之數據為：P=396W，A=9.65A，V=120V；(2)進行短路試驗時，在高壓側之數據為：P=810W，A=20.8A，V=92V。請根據以上數據求出低壓側與高壓側為準之等值電路參數值。

 解 (1) 開路試驗時

$$\theta_o = \cos^{-1}\frac{P}{V_L I_m} = \cos^{-1}\frac{396}{120(9.65)} = 70°$$

① 低壓側鐵損電流 $I_{CL} = I_m \cos\theta_o = 9.65 \times \cos 70° = 9.65 \times 0.342 = 3,30\text{(A)}$

② 低壓側磁化電流 $I_{\phi L} = I_m \sin\theta_o = 9.65 \times \sin 70° = 9.65 \times 0.940 = 9.07\text{(A)}$

③ 低壓側之鐵損電阻 $R_{CL} = \dfrac{P}{I_{CL}^2} = \dfrac{396}{(3.30)^2} = 36.36(\Omega)$

或是 $R_{CL} = \dfrac{V_C}{I_{CL}} = \dfrac{120}{3.30} = 36.36(\Omega)$

④ 高壓側之鐵損電阻

$$R_{CH} = a^2 R_{CL} = \left(\frac{2400}{120}\right)^2 \times 36.36 = 400 \times 36.36 = 14544(\Omega)$$

⑤ 低壓側之磁化電抗 $X_{\phi L} = \dfrac{V_L}{I_{\phi L}} = \dfrac{120}{9.07} = 13.23(\Omega)$

⑥ 高壓側之磁化電抗 $X_{\phi H} = a^2 X_{\phi L} = 400 \times 13.23 = 5292(\Omega)$

(2) 短路試驗時

① 高壓側等值繞組電阻 $R_{eH} = \dfrac{P_{sc}}{I_{sc}^2} = \dfrac{810}{20.8^2} = 1.87(\Omega)$

② 低壓側等值繞組電阻 $R_{eL} = \dfrac{R_{eH}}{a^2} = \dfrac{1.87}{400} = 0.0047(\Omega)$

③ 高壓側等值漏磁阻抗 $Z_{eH} = \dfrac{V_{sc}}{I_{sc}} = \dfrac{92}{20.8} = 4.42(\Omega)$

④ 低壓側等值漏磁阻抗 $Z_{eL} = \dfrac{Z_{eH}}{a^2} = \dfrac{4.42}{400} = 0.011(\Omega)$

⑤ 高壓側等值漏磁電抗 $X_{eH} = \sqrt{Z_{eH}^2 - R_{eH}^2} = \sqrt{4.42^2 - 1.87^2} = 4(\Omega)$

⑥ 低壓側等值漏磁電抗 $X_{eL} = \dfrac{X_{eH}}{a^2} = \dfrac{4}{400} = 0.01(\Omega)$

8.5　效率

　　所謂效率(η)係指輸出功率(P_o)與輸入功率(P_i)的比值。因裝置工作時會有損失(*loss*)，故輸出會小於輸入，因而使得效率的數值通常小於 1。一變壓器的損失主要是繞組的銅損(P_{cu})以及鐵心的鐵損(P_{h+e})。

一、效率及損失

$$\eta = \frac{P_o}{P_i} = \frac{P_i - P_{cu} - P_{h+e}}{P_i} = \frac{P_o}{P_o + P_{cu} + P_{h+e}} = \frac{E_2 I_2 \cos\theta}{E_2 I_2 \cos\theta + P_{cu} + P_{h+e}} = 1 - \frac{loss}{P_i}$$

　　因銅損與負載電流的平方成正比，所以 $\dfrac{1}{n}$ 載時之銅損爲 $\left(\dfrac{1}{n}\right)^2 P_{cu}$。

二、全日效率

　　變壓器的輸入端係全日均連於電源，但輸出則可能是非全日間歇性的。因鐵損不論是否有載均會發生，而銅損僅發生於有載時，故一變壓器之全日效率(η_{day})定義爲：

$$\eta_{day} = \frac{P_o \times T}{(P_o \times T) + (P_{cu} \times T) + (P_{h+e} \times 24)}$$

其中 T 為變壓器於一天(24 小時)當中有載的小時數。

例 8-5

一單相變壓器容量 10kVA，在額定電壓時鐵損為 120W，在額定電流時銅損為 180W。此變壓器以功因 80%供給一負載。求：(1)滿載時之效率，(2)二分之一負載時之效率。

 解 (1) 滿載時之效率

$$\eta_{FL} = \frac{P_o}{P_o + P_{cu} + P_{h+e}} = \frac{10k \times 0.8}{10k \times 0.8 + 180 + 120} \times 100\% = 96.4\%$$

(2) 二分之一負載時之效率

$$\eta_{1/2} = \frac{P_o \times \frac{1}{2}}{\left(P_o \times \frac{1}{2}\right) + \left[P_{cu} \times \left(\frac{1}{2}\right)^2\right] + P_{h+e}}$$

$$= \frac{10k \times 0.8 \times \frac{1}{2}}{\left(10k \times 0.8 \times \frac{1}{2}\right) + \left[180 \times \left(\frac{1}{2}\right)^2\right] + 120} \times 100\%$$

$$= 96.04\%$$

例 8-6

一變壓器容量 50kVA，壓降比為 2200/220 伏特，鐵損為 300W，以高壓側為準之等值電阻為 0.8Ω。該變壓器於一天 24 小時當中以下列四種情況依序工作。求下列每一情況之損失及該變壓器之全日效率：(1)無載 8 小時，(2)二分之一容量(*PF*=0.8) 4 小時，(3)二分之一容量(*PF*=1) 4 小時，(4)滿載(*PF*=1) 8 小時。

解 (1) 無載 8 小時

$$Loss_1 = 300 \times 8 = 2400 \text{(WH)}$$

(無載時無銅損、僅有鐵損)

(2) 二分之一容量(PF=0.8) 4 小時

$$i_2 = \frac{S_2}{v} = \frac{50k \times 0.5}{2200} = 11.35 \text{(A)} \text{(與 } PF \text{ 無關)}$$

$$Loss_2 = (300 \times 4) + (11.35^2 \times 0.8 \times 4) = 1612.23 \text{(WH)}$$

(3) 二分之一容量(PF=1) 4 小時

$$i_3 = \frac{S_3}{v} = \frac{50k \times 0.5}{2200} = 11.35 \text{(A)}$$

此時之銅損 $P_{cu} = i^2 \times R \times T$

$$Loss_3 = (300 \times 4) + (11.35^2 \times 0.8 \times 4) = 1612.23 \text{(WH)}$$

(4) 滿載(PF=1) 8 小時

$$i_4 = \frac{S_4}{v} = \frac{50k}{2200} = 22.70 \text{(A)}$$

$$Loss_4 = (300 \times 8) + (22.70^2 \times 0.8 \times 8) = 5697.86 \text{(WH)}$$

(5) 全部損失= $Loss_1 + Loss_2 + Loss_3 + Loss_4 = 2400+1612.23+1612.23+5697.86$

$$= 11322.32 \text{(WH)}$$

全日輸出= $(5k \times 0.5 \times 0.8 \times 4) + (5k \times 0.5 \times 1 \times 4) + (5k \times 1 \times 1 \times 8) = 580000 \text{(WH)}$

全日效率 $\eta_{day} = \dfrac{580000}{580000 + 11322.32} \times 100\% = 98.1\%$

例 8-7

　　一 60Hz 變壓器容量 10kVA，壓降比為 2200/220 伏特。進行開路試驗時，在低壓側之數據為：$P = 153W$，A = 1.5A，V = 220V；進行短路試驗時，在高壓側之數據為：$P = 224W$，A=額定值，V = 115V。設功率因數為 1，且工作情形依序為：5/4 負載 2 小時、滿載 6 小時、半載 8 小時、1/4 負載 4 小時、無載 4 小時。請根據以上數據求出該變壓器之全日效率。

解 (1) 全日輸出=$\left(\dfrac{5}{4}\times 10k\times 2\right)+\left(1\times 10k\times 6\right)+\left(\dfrac{1}{2}\times 10k\times 8\right)+\left(\dfrac{1}{4}\times 10k\times 4\right)$

$\qquad\qquad\quad =135000(\text{WH})$

(2) 全部銅損=$\left(\dfrac{5}{4}\right)^2\times 224\times 2+\left(1\times 224\times 6\right)+\left(\dfrac{1}{2}\right)^2\times 224\times 8+\left(\dfrac{1}{4}\right)^2\times 224\times 4$

$\qquad\qquad\quad =2548(\text{WH})$

全部鐵損=$135\times 24=3672(\text{WH})$

(3) 全日效率 $\eta_{day}=\dfrac{135000}{135000+2548+3572}\times 100\%=95.6\%$

例 8-8

一單相變壓器之一次側電壓為 3150V，一次側繞組電阻為 5.67Ω；二次側繞組電阻為 0.208Ω。兩繞組之匝數比為 15，頻率 60Hz，輸出 3kVA，總磁漏電抗以一次繞組為主時 $X_e=44.6\Omega$。求在額定負載、PF= 0.8(lag)時之電壓調整率？

解 設一次繞組為主時之電阻為 R_{e1}，則

$R_{e1}=R_1+a^2 R_2=56.7+15^2\times 0.208=103.5(\Omega)$

$X_{e1}=44.6\Omega$

一次繞組電流 $I_2'=\dfrac{3000}{3150}=0.95(\text{A})$

由相量圖可得

$V_1^2=\left(V_2'\cos\theta+I_2'R_{e1}\right)^2+\left(V_2'\sin\theta+I_2'X_{e1}\right)^2$

$\Rightarrow 3150^2=\left(V_2'\times 0.8+0.95\times 103.5\right)^2+\left(V_2'\times 0.6+0.95\times 44.6\right)^2$

$\Rightarrow V_2'=3049.08\text{V}$

電壓調整率 $\dfrac{V_1-V_2'}{V_2'}=\dfrac{3150-3049.08}{3049.08}\times 100\%=3.31\%$

例 8-9

將一 100VA、120/12V 的單相二繞變壓器連接成升壓自偶變壓器,其一次側電壓為 120V,求:(1)二次側電壓,(2)額定容量,(3)額定容量為原變壓器的幾倍,(4)感應與傳導容量?

解 (1)　二次側電壓 $V_H = 120 + 12 = 132(V)$

(2)　原額定容量為 100VA,$a = (120 + 12) / 120 = 1.1$

　　自偶變壓器的額定容量 $S = 100a / (a-1) = (100 \times 1.1) / (1.1 - 1) = 1100(VA)$

(3)　額定容量為原變壓器的 $a / (a-1)$ 倍,或 $1100 / 100 = 11$ 倍。

(4)　感應容量 $S_i =$ 原變壓器容量 $= 100VA$;

　　傳導容量 $S_c = S - S_i = 1100 - 100 = 1000VA$

 ## 8.6　標么系統(Per-unit system, pu)

1.　所謂標么系統是以標么基準值為單位的計量單位系統。

$$\text{標么值} = \frac{\text{實際值}}{\text{基準值}} \quad (\text{標么,pu})$$

2.　在正確的標么系統下,可不用作電壓比的轉換而能解包含變壓器的電路問題。

3.　通常是針對電壓、電流、功率、阻抗、頻率或轉速等量當中,選定電壓和功率為基準值,其他量之基準值則依相關定律求得。

例 8-10

一簡單電力系統如圖 8-10，選擇發電機端 480V 和 10kVA 為系統基準值求：
(1)系統中每一點之電壓、電流、阻抗及視在功率之基準值，(2)將此系統轉換為標么等效電路，(3)供應給負載的功率，(4)傳輸線損失的功率？

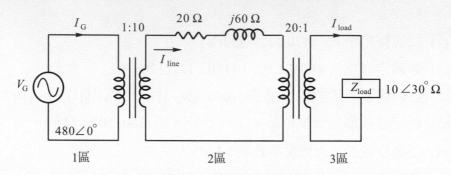

圖 8-10　例題 8-10 之電路圖

解 (1) 各基準值

① 1 區：$V_{base} = 480\text{V}$，$S_{base} = 10\text{kVA}$

$$I_{base1} = \frac{S_{base}}{V_{base}} = \frac{10\text{kVA}}{480\text{V}} = 20.83\text{A}$$

$$Z_{base1} = \frac{V_{base}}{I_{base}} = \frac{480\text{V}}{20.83\text{A}} = 23.04\Omega$$

② 2 區：$V_{base2} = \frac{10}{1}V_{base1} = 10 \times 480\text{V} = 4800\text{V}$

$S_{base2} = S_{base1} = 10\text{kVA}$ (變壓器輸出、輸入之視在功率相等)

$$I_{base2} = \frac{S_{base2}}{V_{base2}} = \frac{10\text{kVA}}{4800\text{V}} = 2.083\text{A}$$

$$Z_{base2} = \frac{V_{base2}}{I_{base2}} = \frac{4800\text{V}}{2.083\text{A}} = 2304\Omega$$

③ 3 區：$V_{base3} = \frac{1}{20}V_{base2} = \frac{1}{20} \times 4800\text{V} = 240\text{V}$ ，$S_{base3} = S_{base2} = 10\text{kVA}$

$$I_{base3} = \frac{S_{base3}}{V_{base3}} = \frac{10\text{kVA}}{240\text{V}} = 41.67\text{A} \text{ , } Z_{base3} = \frac{V_{base3}}{I_{base3}} = \frac{240V}{41.67A} = 5.76\Omega$$

(2) $V_{G,\text{pu}} = \dfrac{480\angle 0° V}{480V} = 1\angle 0°\text{ pu}$

$Z_{\text{line,pu}} = \dfrac{20 + j60\Omega}{2340\Omega} = 0.0087 + j0.026\text{ pu}$

$Z_{\text{load,pu}} = \dfrac{10\angle 30°}{5.76\Omega} = 1.736\angle 30°\text{ pu} = 1.503 + j0.868\text{ pu}$

標么等效電路如圖 8-11：

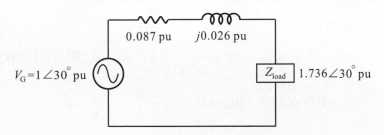

$V_G = 1\angle 30°\text{ pu}$ 0.087 pu   j0.026 pu Z_{load} $1.736\angle 30°\text{ pu}$

圖 8-11 圖 8-10 之標么等效電路

標么等效電路之電流 $I_{\text{pu}} = I_{G,\text{pu}} = I_{\text{line,pu}} = I_{\text{load,pu}}$

(3) $I_{\text{pu}} = \dfrac{V_{G,\text{pu}}}{Z_{\text{line,pu}} + Z_{\text{load,pu}}} = \dfrac{1\angle 0°}{(0.0087 + j0.026) + 1.736\angle 30°} - 0.569\angle -30.6°\text{ pu}$

$\Rightarrow P_{\text{load,pu}} = I_{\text{pu}}{}^2 \times R_{\text{load,pu}} = 0.569^2 \times 1.503 = 0.487\text{ pu}$

$\Rightarrow P_{\text{load}} = P_{\text{load,pu}} \times S_{base} = 0.487 \times 10\text{kVA} = 4870\text{W}$

(4) $P_{\text{line,pu}} = I_{\text{pu}}{}^2 \times R_{\text{line,pu}} = 0.569^2 \times 0.0087 = 0.00282\text{ pu}$

$\Rightarrow P_{\text{line}} = P_{\text{line,pu}} \times S_{base} = 0.00282 \times 10\text{kVA} = 28.2\text{W}$

例 8-11

一 20kVA、8000/240V、60Hz 的變壓器，對其一次側作開路試驗及短路試驗所得數據如下：

開路試驗	短路試驗
$V_{OC} = 8000\text{V}$	$V_{SC} = 489\text{V}$
$I_{OC} = 0.214\text{A}$	$I_{SC} = 2.5\text{A}$
$P_{OC} = 400\text{W}$	$P_{SC} = 240\text{W}$

求：(1)電源側三端等效電路，(2)該三端等效電路之標么等效電路，以變壓器之額定值為系統基準值。

 (1) ① 開路時之功率因數

$$PF = \cos\theta = \frac{P_{OC}}{V_{OC} \times I_{OC}} = \frac{400\text{W}}{8000\text{V} \times 0.124\text{A}} = 0.234 \text{ lag}$$

激磁導納

$$Y_E = \frac{I_{OC}}{V_{OC}} \angle -\cos^{-1} PF = \frac{0.214\text{A}}{8000\text{V}} \angle -\cos^{-1} 0.234 = 0.0000268\angle -76.5°\Omega$$

$$= 0.0000063 - j0.0000261\Omega = \frac{1}{R_C} - j\frac{1}{X_m}\Omega$$

$$\therefore R_C = \frac{1}{0.0000063}\Omega = 159\text{k}\Omega \text{ , } X_m = \frac{1}{0.0000261}\Omega = 38.4\text{k}\Omega$$

② 短路時之功率因數 $PF = \cos\theta = \dfrac{P_{SC}}{V_{SC} \times I_{SC}} = \dfrac{240\text{W}}{489\text{V} \times 2.5\text{A}} = 0.196 \text{ lag}$

串聯阻抗

$$Z_{SE} = \frac{V_{SC}}{I_{SC}} \angle +\cos^{-1} PF = \frac{489\text{V}}{2.5\text{A}} \angle +\cos^{-1} 0.196 = 195.6\angle 78.7°\Omega$$

$$= 38.4 + j192\Omega = R_{eq} + jX_{eq}\Omega$$

③ 等效電路

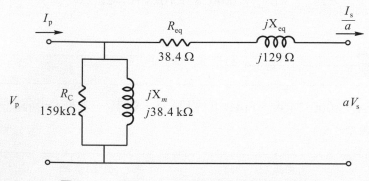

圖 8-12　例題 8-11 之電源側三端等效電路

(2) ①　一次側：$V_{base1} = 8000\text{V}$，$S_{base1} = 20\text{kVA}$

$$Z_{base1} = \frac{(V_{base1})^2}{S_{base}} = \frac{(8000\text{V})^2}{20\text{kVA}} = 3200\Omega$$

$$Z_{eq,\,pu} = \frac{38.4 + j192\Omega}{3200\Omega} = 0.012 + j0.06\text{ pu}$$

$$R_{C,\,pu} = \frac{159\text{k}\Omega}{3200\Omega} = 49.7\text{ pu} \text{ , } X_{m,\,pu} = \frac{38.4\text{k}\Omega}{3200\Omega} = 12\text{ pu}$$

② 標么等效電路

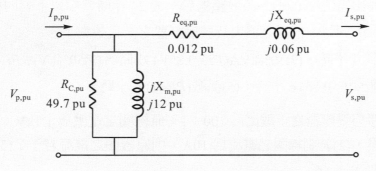

圖 8-13　例題 8-11 之標么等效電路

題

1. 請描述變壓器的原理。

2. 變壓器的輸入端應為直流電、交流電、還是都可以？為什麼？

3. 變壓器有何損失？各與是否滿載有何關係？與輸出功率因數有何關係？

4. 一變壓器容量 50kVA，壓降比為 2200/110 伏特，鐵損為 400W，以高壓側為準之等值電阻為 0.6Ω。該變壓器於一天 24 小時當中以下列四種情況依序工作，求下列每一情況之損失及該變壓器之全日效率：
   (1)無載 4 小時，(2)50%kVA(PF=0.85) 4 小時，(3)50%kVA(PF=1) 4 小時，
   (4)滿載(PF=0.85) 6 小時，(5)滿載(PF=1) 6 小時。

5. 若一理想變壓器之匝數比為 100：1；原線圈之電壓為 1.1kV，求：(1)副線圈之電壓，(2)若副線圈之電流為 10A，則原線圈之電流若干？(3)若 $N_1 = 400$ 匝，則 $N_2 = $？。

6. 若一理想變壓器，$V_1 = 120$ V，$f = 50$ Hz，$\phi_m = 3 \times 10^{-3}$ Wb，求：(1)原線圈之匝數？(2)若 $V_2 = 24$ V 時，則其匝數若干？(3)若負載功率 $P = 96$ W，則 $I_1 = $？

7. 有一單相 100 kVA，2400/240 V 之變壓器，作開路和短路試驗後得到如下之數據：(1)變壓器作開路試驗時，在低壓側電表測出之數據為 $V = 48$ V，$I = 20$ A，$P = 620$ W。試求由以上數據之低壓側與高壓側為準的等值電路參數值。

8. 某工廠用 4,800/480 V，100 KVA 之單相變壓器，已知其鐵損為 800 W，滿載之銅損為 1,200 W，此變壓器一天中滿載運用 10 小時，半載運用 6 小時，1/4 載運用 4 小時，以上功率因數均為 0.85，無載運用為 4 小時，試求此變壓器的滿載效率與全日效率。

歡迎加入 全華會員

● 會員享

會員享購書折扣、紅利積點、生日禮金、不定期優惠活動…等。

● 如何加入會員

掃 QRcode 或填妥讀者回函卡直接傳真 (02) 2262-0900 或寄回，將由專人協助登入會員資料，待收到 E-MAIL 通知後即可成為會員。

如何購買 全華書籍

1. 網路購書

全華網路書店「http://www.opentech.com.tw」，加入會員購書更便利，並享有紅利積點回饋等各式優惠。

2. 實體門市

歡迎至全華門市（新北市土城區忠義路 21 號）或各大書局選購。

3. 來電訂購

(1) 訂購專線：(02) 2262-5666 轉 321-324
(2) 傳真專線：(02) 6637-3696
(3) 郵局劃撥（帳號：0100836-1　戶名：全華圖書股份有限公司）
※ 購書未滿 990 元者，酌收運費 80 元。

全華網路書店 www.opentech.com.tw
E-mail: service@chwa.com.tw

※ 本會員制如有變更則以最新修訂制度為準，造成不便請見諒。

讀者回函卡

掃 QRcode 線上填寫 ▶▶

親愛的讀者：

感謝您對全華圖書的支持與愛護，雖然我們很慎重的處理每一本書，但恐仍有疏漏之處，若您發現本書有任何錯誤，請填寫於勘誤表內寄回，我們將於再版時修正，您的批評與指教是我們進步的原動力，謝謝！

全華圖書　敬上

勘　誤　表

書號			
頁 數	行 數	書 名	作 者
		錯誤或不當之詞句	建議修改之詞句

我有話要說：（其它之批評與建議，如封面、編排、內容、印刷品質等・・・・）